SENTIR LE SENS

MATHILDE LAURENT

マチルド・ローランの調香術
——香水を感じるための13章

マチルド・ローラン　訳 関口涼子

白水社

マチルド・ローランの調香術

香水を感じるための13章

SENTIR LE SENS
MATHILDE LAURENT

Avec la collaboration
de Sarah Bouasse

この本を、わたしを信頼し、支援してくれるあらゆる人々に捧げます。

まずはコルシカ島の親戚まで含めたわたしの家族に。十一年以来の辛抱強いアシスタント、ヴェロニク・フルニエ、それからレティシア・プメルー（彼女は十六年以来！）にも。それから、人生で出会った順に、フランソワ・コレとマルティヌ・コレ、ルネ・コルノン、カリーヌ・ボードリー、グウェナエラ・クラ、ティボー・ポンロワ、ヴェロニク・ガベ・パンスキー、カトリーヌ・ブリュ、ティエリー・トロトバ、アンドレ・シュラグミュルデル、マリーヌ・マニエ、パウロ・ディニス、エリザベト・ドゥ・フェイドー、ベルナール・フォルナス、アルノー・ビュロンフォッス、クリスティーヌ・ボルゴルツ、リオネル・ペレス、ドゥニーズ・ボーリユ、スタニスラス・ド・ケルシズ、ソニア・ペラン、コラリー・ド・フォントネー、アガト・デルポン、エリーズ・アロナス、マティルド・カステル、マリーヌ・ド・ジェンヌ、アレクシス・トゥーブラン、オリヴィエ・R・P・ダヴィッド、オリヴィエ・ダルネ、ピエール・オラ、マルタン・ケネエン、ナタリー・コンシアンス、ジャン＝ジャック・ル・ペン、クレール・バシュラール、プリシル・グラッド、ヴァレリー・ノヴァク、サブリア・メフラ、ソフィー・エヴァン・ディディエ、アンヌ・ボシュ、エリー・パピエニク、アドゥリーヌ・ギヨワ、オードレー・マシナ、ジャン・ムクリエ、ルイーズ・ジェルリエ……

香水の道をともに歩んでくださる方々の名前をすべてここに挙げることはかないませんが、皆に心から感謝しています。

目次

［凡例］

《　》は香水の名称やコレクション名を表わす。

〔　〕で香水やコレクションなどの原語の意味を記す（日本での正式名称ということではない）。

⊙は註記を表わす（該当語の右側に番号とともに示し、各章末で註解する）。

傍点は原書のイタリック体を表わす（訳語がカタカナの場合は鉤括弧で強調する）。

トップノート

この個性的な本にどんな形容詞を与えたらいいだろうか。大胆な、寛容な、開かれた、みずみずしい、知性あふれる、人間味のある、光に満ちた、繊細な……。この本は、著者である調香師マチルド・ローランと彼女の作り上げる香水に似ている。マチルド・ローランは二十一世紀の巫女《みこ》だ。決して宗教的な意味ではなく、彼女の手にかかると、匂いを嗅《か》ぐという行為が、「エスプリ、精神」という単語の持つラテン語の語源、つまり、プネウマ、吐息と結びつけられるからだ。

哲学者のエマヌエーレ・コッチャはこのように書いている。「息をするとは、我々が身を浸す空気が我々のなかに入り込み、同じ強度で我々もその大気のなかに入り込む状態を意味する」。

この考え方に従えば、香水とは、世界に属しながら、動くことをやめず、同時に我々の内部奥深くに住まっているもののことだと言えないだろうか。我々は、感じるために生まれてきたのだ。

　この本はまた、明確なメッセージを湛えている。著者は、現実にしっかり足をつけ、匂いを嗅ぐという行為に（再び）意味を与えるための一種のマニフェストを我々に提案する。例えば、ある香りに先入観や偏見を持たないこと、天然香料と合成香料に関する思い込みを取り払うこと。また、どんな香水にも存在価値を見出すこと、軽視されがちなラストノートに注意を促すこと。さらには、古典となった香水の存続を主張し、スタッフの共同作業の利点を挙げ、ありがちな思い込みや性別分けから香水を開放し、香水業界における著作権制度の改革を促し……。この本は、象牙の塔から読者に説教を垂れる特殊な嗅覚の持ち主の証言ではなく、読者と多くの事柄を分かち合う本なのだ。外界を知覚することで成り立つ我々生き物の能力を理解することに人生を捧げている一人の調香師が、その持てる知識と文化を分け合うために書いた一冊だと言えよう。

　真の音楽家が、音楽を奏でるだけではなく、「聞くことの意味」についても我々に聞かせてくれるように、マチルド・ローランは、香りを嗅ぐことが我々の人生の意味について考える機会をここで与えている。

　著者は他分野で働くクリエイターと出会うことを決して厭《いと》わず、そこからは自然とさまざまなプロジェクトが生まれてくる。例えばＯＳＮＩ[1]１（特定されない物の香り、香る雲）や、「飲む香水」、さらにはコメディー・フランセーズでかけられた芝居で登場人物それぞれに似合った香りを調合するなど、マチルド・ローランの創作欲には限りがない。彼女が調香した《レズールドゥパルファン》〔香りの時間〕コレクションは、それ自体が香りのマニフェストでもあるひとつの芸術作品だ。本書は、未来の若き調香師たちに希望と勇気を与えるヒントに満ちている。マチルド・ローランの仕事はそのすべてが、香りという要素を思いがけない分野に呼び入れることで成り立っている。現実は香りに満ちているのだ。

匂いを嗅ぐというのは単に能動的な行為ではない。自らを十全に開き、他者を受け入れることが必要とされる。フランス語には、耳を傾ける、というときに「身体中が耳になる」という表現があるが、それに倣《なら》って、「身体中が鼻になる」という新語を作り出したい誘惑に駆られる。マチルド・ローランの香水を嗅いでみればわかるだろう。彼女が作る香水は、大声をあげて叫んだりはしない。それらの香水は、あなたの話に耳を傾け、耳元で囁き、あなたの周りに真の香る空間を作り上げる。それは何よりもまず、あなたと香水との親密な対話なのだ。そしてその対話こそを他の人たちは嗅いでいるのだ。

その意味で、マチルド・ローランは、彼女自身が言うように、開かれた調香師である。彼女は、香りの世界、つまり、世界そのものに自らを開くようにと我々を促しているのだ。

関口 涼子

⦿1　ＯＶＮＩ（未確認飛行物体）の捩《もじ》り、いわば「未確認香気物体」とでも言うべきインスタレーション。

SEN TIR LE SE NS

XIII.1 なぜ香水のおかげで人は人らしくありうるのか

「生きることは息をすること。
息をすることは香りを感じること。
だから、生きることは香りを感じること。」

わたしはこの表現によって、嗅覚が我々の五感のなかで占めている特別な地位を説明することがしばしばあります。嗅覚は、生きるのに不可欠な呼吸と直接結びついているからです。嗅覚は、我々の存在そのものと内在的に繫《つな》がっています。嗅覚は他の感覚を脳まで導き、また、記憶に関しても最も重要な役割を果たしています。嗅覚とは、生そのものの感覚なのです。

コロナが明らかにしたのは、我々の生活にとって嗅覚がどれだけ本質的か、それを失うことがどれだけ深刻かということです。嗅覚障害を患った場合、重篤な鬱《うつ》状態に陥ってしまうこともあります。ウィルスのせいで一時的に嗅覚を失ってしまったわたしの友人の一人は、自分自身の人生から自らが放り出されてしまったような、凍《い》てついた心持ちになったと話してくれました。自分の人生が目の前で流れていくのを、船窓から眺めるように傍観していたのです。生きることがすなわち匂いを感じることであるならば、その能力が失われた際に、生きた心地がしないのは当然だと言えるでしょう。つまるところ嗅覚とは、我々に生きる実感を与えてくれるものなのです。自分のなかに生を「感じる」こと。今日、嗅覚を失わなければ人々はそれに気がつかないとは驚くべきことではありますが。

人類がここまで進化した時点において、脳が重要視されすぎるがゆえに、必要以上に理性を駆り出す状況に絶えず置かれ、燃え尽き《バーンアウト》状態になってしまうことがあります。もしも我々が、現在最も活用している、脳のなかでも分析的な分野に連携している視覚と聴覚しか知覚として持ち合わせていなかったら、もしかしたら生きるロボットのようになってしまったかもしれません。肉体的な能力と理性を働かせる能力しか持たない、身体を伴ったコンピュータのような存在。そうならずに、わたしたちが感情と直感を備えた動物であり続けることができているのは、嗅覚のおかげなのです。我々は今日、匂いを嗅《か》ぐ能力は、脳の感情と直感を司《つかさど》る複数の領域を刺激し、まさにそれこそがコンピュータに欠けている部分なのだと知っています。コンピュータは我々のように見たり音を捉えたりすることができ、なかには匂いを「嗅ぐ」ことができるものもありますが、そのいずれとして、人間のように直感的に物事を感じとったり、心を震わせたりはしません。ロボットは、まるで生きているように見えたとしても、自分たちが生きているとは「感じ」はしないのです。幸いなことに、そこに至るまでにはまだ遠い道のりを必要とするでしょう。人工知能に相対したとき、嗅覚は我々の人間性の最後の砦《とりで》となっているのかもしれません。この感覚は我々の身体の奥深くと直接に結びつき、我々を動物的なものに送り戻し、自然と切り離されていると感じるのではなく、その一部だと感じとる助けになってくれるのです。我々は自分たちがどこにいて、何者であるかを感じ、自分たちがどこで何を体験しているかを感じます。人々が過度にコンタクトを取り合う割には、人間性に欠け何もかもが人工的であるこの世界において、香水は特別な役割を担います。香水は、人が人らしくある助けになります。つまり、美しさや人生を前にして、心の底から、体の奥から感動できる存在であり続けさせてくれるのです。

哲学者のなかには、シャルル・ペパンのように、カント的な見地をさらに広げ、美は我々を救うことができると言い切る人もいます。わたしもそれを心から信じています。美は、それを前にしたとき、我々の存在を高めてくれるからです。美は五感すべてに働きかけるべきなのです。これまで我々は世界の視覚的な美や音の美しさだけにかまけてきましたが、このままでは人類を救うことはできないでしょう。その間にも、世界は汚染され、破壊され、臭気を発しつつあるというのに。確かに、わたしは、誰もが匂いの個人的な好き嫌いを越える努力をする必要があると考えていますし、調香師として、自分の鼻先に現われるあらゆる匂いを偏見なく受け入れます。もちろん、ゴミ箱の匂いや車のマフラーからの匂いは、そこに存在する分解作用のせいで受け入れがたいものですし、読者の方々にとっても同様でしょう。そこには自己保存本能が働いています。嗅覚は警戒を促す感覚です。いつの時代にも、嗅覚のおかげで、我々は、毒や死骸、排泄物のように自分たちの生命を奪いかねないものを口に入れるのを避けることができました。それは、我々の脳が、価値判断からではなく生存本能からある種の匂い分子を排除していることを示しています。まさにその本能的な部分によって、嗅覚は、比類ない喜びと興奮をもわたしにもたらすのです。知的な喜びではなく、純粋な、子供っぽい幸福。この生の衝動はわたしが調香師として取るべき道と態度を堅固にしました。わたしは自分の調香する香水を通じて、この喜びを常に分かち合おうと思ったのです。

これまでの時代とは異なり、今日、香水は神聖なものとして存在しているわけでも、衛生上の理由から使用されるのでもありません。生殖のためでもありません。香水を、自分の体臭を隠したり、人を魅了するのに使う人がいるとすれば、もちろんそれに越したことはありませんが、香水の人生における本質的な意義はそこにはないのです。現代人が香水を愛し、毎日のように使用し、香水専門の業界が存在するのは、香水が、嗅覚を通して美しさを感じる要求に応えているからだとわたしは考えています。香水は、我々の存在のこの分野に働きかける唯一のクリエイションです。仮に香水というものがまったく存在しなかったとして、ある日突然、自然世界から香りの分子を抽出できることを発見したとしましょう。我々はこの創作分野にすっかり虜になり、鼻先に展開する美の魅力から逃れられなくなることでしょう。人類はいつでも、香りの世界に浸ることを必要としてきました。

香水は、我々をより良き存在にしてくれるとわたしは信じています。人間性を高めるという意味でです。香りを通じて、我々は他者をより良く受け入れることができます。「あの人とはフィーリングが合わない」というような表現はよく知られています。他者を感じることを学び、早急に判断してしまうのではなく、その存在を受け入れることは、他者と調和を持って生きるための条件です。世界中のさまざまな文化や美的感覚からインスピレーションを受けた、想像的で大胆な香水が我々に教えてくれるのはまさにそういったことなのです。香水とは、人を排除しようとする気持ちを克服させてくれる手段であり、高位に象徴的なアプローチを構成します。それは、自分と異なる人間を受け入れるというアプローチです。わたしにとって、匂いに自らを開くことは、さまざまな文化、色彩、宗教や生活習慣、またジェンダーの多様性に自己を開くことに他なりません。

このような理由から、わたしは、開かれた、広大な、多様な香水の世界を擁護します。そこでは、誰もが喜びを見出すことができ、自分の個人的な好き嫌いを次第に乗り越えることができます。

わたしがこの道に進もうと思ったのは、既存の香り、人に好まれるとわかりきった香りを提供するためではありません。わたしが考える香水とは、世界への扉を開き、自由を教える芸術であり、絶えず発展し、人を高みに引き上げるものなのです。香水の社会的・人間的理解を弛《たゆ》みなく続け、この実践をすべての人に開き、芸術の域までに高めたならば、そこに創造性が花開くことでしょう。そしてそのクリエイションは、我々の魂や行ない、我々の社会をより良きものにし、共存と平和を容易にしてくれることでしょう。

⦿1　カルティエの《レ ズール ドゥ パルファン》〔香りの時間〕コレクションのイメージに倣《なら》って、この本のそれぞれの章の数字はランダムに与えられています。それは、読者の皆さんに自由に読んでもらいたいという思いからです。それから、「九番目の時間」は香水としてまだ存在していないため、第九章はこの本にはありません。

VI なぜわたしは嗅覚とクリエイションに捧げる人生を選ぶに至ったのか

わたしの子供時代は常に生の純粋な喜びに満ちていました。不安は何もなく、いずれ選ばなければならない職業や未来について思い悩むことはまったくありませんでした。わたしは全身全霊で生きることを楽しんでいました。それは枝に止まった小鳥が、憂いを知らずこの世界を楽しむのにも似ていました。あらゆる感覚を駆使して楽しみを得、それ以外に目的を求めない無償に与えられる感覚の喜びのなかに浸っていました。後に、わたしはこの幼少期を「崇高な無意識」と呼ぶようになりました。それは、十全に、絶対的に、この現在という瞬間を生きることなのです。

わたしの過剰なほどの繊細さは自分の家庭環境に由来しています。姉とわたしは、両親と一緒に、パリのモンパルナス駅の近くにあった、国鉄所有の集合住宅に住んでいました。祖父母が国鉄に勤めていたからです。我々の家は五階にありました。祖母は三階に、美大を出た叔父と叔母は四階に住んでいました。父もまた美大出身で、建築家でした。まだ就学前の幼い頃、朝起きるとすぐに叔父と叔母の家に降りて行くことがよくありました。叔父はグラフィックデザイナーで、ある雑誌のアートディレクターであり、その雑誌にたくさんのイラストを描いていました。わたしは猫のように叔父のテーブルの上に座り、叔父が絵を描くのを何時間でも眺めていました。叔母はインテリアデザイナーの仕事をしていました。今でも、祖母の家で、母親と叔母が一緒に『エル』誌を読みながらページの上にすらすらと落書きをしていた時の光景をまざまざと思い出せます。わたしはその光景を催眠術をかけられたかのようにうっとりと眺めていました。叔母は無意識にしていたことですが、それにもかかわらず、そのデッサンは、正確で、信じられないほど美しかったのです。

わたしはその後も視覚的な感性を持ち続け、十代の時には、写真家になろうとさえ考えました。同時に、音楽はいつでもわたしを崇高な気持ちにさせました。そして、片時もヘッドホンを耳から離さず、毎日のように、鼓膜に音楽を響かせ続けていたのです。しかし、五感のなかでも、最も強烈な美的経験を与えたのは匂いを嗅《か》ぐという行為でした。その時点では特別意識はしていなかったかもしれませんが、忘れられない特別に恍惚的な経験がいくつもあったのです。十六歳ぐらいになるまで、わたしの鼻は、嗅覚のためだけに存在する独立した脳に結びつけられているかのように、まったく束縛を受けない人生を送ったように思われます。鼻は我が道を行き、記録できるあらゆる匂いを溜め込み、何の役に立つかなどには気をかけず、わたしに許可を求めることもありませんでした。わたしの記憶は、時の記憶にせよ、人々や会話などの思い出にせよ、すべてが匂いに結びついています。わたしが初めて意識した香りの衝撃は、ゲランの《ミツコ》でした。五歳、もしかしたら六歳だったかもしれません。わたしの従姉妹エミリーのお母さんがこの香水をつけていたのを嗅いだのですが、その時のことをはっきりと覚えています。何と美しい瞬間だったことでしょう。でも当時は、それが香水というものだとは思い及びもしませんでした。わたしにとっては、それはある人のお母さんの匂い、だったのです。長じて学生のとき、調香師イザベル・ドワイヤンの嗅覚についての授業中、ロシャスの《ファム》を初めて嗅ぐ機会があり、驚きで言葉を失いました。後に、母がこの香水をつけていたことを知ったのですが、それはわたしが「生まれてから」の時期ではなかったのです。もしかしたら、わたしを身籠もっていた時のことだったのでしょうか。母親は今はこの世になく、わたし自身はこの問いに答えるすべを持たないのですが。わたしは時に、自分が初めて「実際に」香りの衝撃を受けたのは、《ファム》だったのではと思うことが時々あります。子宮のなかですでに衝撃を受けていたとでも言うのでしょうか……。その後、多くの香水に感銘を受けました。いくつか具体的な名を挙げるならば、ゲランの《夜間飛行》、エスティローダーの《プレジャーズ》、クリニークの《アロマティック エリクシール》、ケンゾーの《フラワー バイ ケンゾー》、イッセイミヤケの《ロードゥ イッセイ》、ジョルジオ・アルマーニの

《アクア ディ ジオ》、ジェフリー・ビーンの《グレイフランネル》、ゲランの《アビルージュ》と《ダービー》、ジャン・クチュリエの《コリアンドル》、セルジュ・ルタンスの《フェミニテデュボワ》、ランコムの《マジー ノワール》、シャネルの《アンテウス》と《プール ムッシュウ》、エルメスの《ベラミ》と《ナイルの庭》、ヘルムート・ラングの《オードゥパルファン》、コティの《シプレ》、ジャック・ファットの《グリーンウォーター》、《コロン バイ ミュグレー》……いずれも創造性とイノベーションに満ちた傑作で、現代の香水の歴史を通じてわたしたちにもたらされたものです。

わたしは、思春期の頃、他の女友だちと同じように、香水の小瓶やサンプルを集め始めました。しかし、彼女たちの多くは、香水瓶というオブジェそのものに興味を持っていたのに対し、わたしのほうは、ナイーブにも、匂いを嗅ぐために瓶をすべて開封してしまっていたのです。だって、香水は嗅ぐために存在するのではありませんか！　次第に、わたしは、香水の名前を覚え、人がそれらの香水をつけているときには気がつくようになりました。それから、人に、こんなふうに言うようにもなったのです。「あなたこの香水つけてるでしょう、それならこれは試してみた？　きっと気に入ると思う……」香水売り場の販売員のようにです！　ある日、部屋を片づけていて、サンプルをいくつも入れておいた箱を落としてしまい、一本割ってしまいました。わたしはガラスの破片を拾い、床を掃除して、片づけを続けました。後になって、その場所を通るたびに、人生でもかなり大きな香りの衝撃を受けました。でもその香水が何だったか、わたしにはわからなかったのです。わたしはきっかけさえあれば四つん這いになって床のその部分の匂いを嗅ぎ、名前のわからない、その信じられない香りを吸い込もうとしました。それから、その香水について調べ始め、自分の持っているミニ香水瓶のなかから、それにあたるものがないかと探しましたが、見つかりませんでした。この謎を解くには長い時間がかかりました。十六歳のとき、引越しの際、ベッドの下にその香水瓶の破片を見つけたのですが、そこには、「ard」という文字がありました。わたしはすぐに、そのロゴはグレの《カボシャール》だとわかり、確かめるために香水専門店に走りました。確かにその香水だったのです！　こうして、十六歳のときに《カボシャール》はわたしの香水になりました。それまではモンタナの《パルファンドポー》を従姉妹がつけているのを嗅ぎ、衝撃を受けて以来自分もつけていたのですが、わたしの肌の上では彼女のような匂いにならないのを残念に思っていました。その頃、わたしは、香水は、自分がつけるのと他の人の肌の上で嗅ぐ時では同じ匂いにならないことを感じていました。そして、自分の肌が香水の匂いを変容させてしまっているのではないか、と結論づけたのです。この考え方は広く人口に膾炙《かいしゃ》していますが、実際のところ真実ではありません。この現象を説明するのは簡単です。他の人の香水を嗅ぐときには、一般的に、ラストノートを嗅いでいるのです。しかし、自分が香水をつけるときには、ほとんどトップノートしか感じません。というのも、自分の鼻はその匂いに慣れてしまい、匂いを感じなくなってしまうからです。だから、自分のつけている香水のラストノートにアクセスすることは決してできないのです。わたしは、ゲランで働いていたときにこのことを理解しました。《シャリマー》は、誰がつけても同じ匂いで、それは、工場長がつけていても、お客さんがつけていた時でも、母がつけていた時でも変わりませんでした。

その匂いを同じように感じなかったのは、自分がつけていた時だけでした。

しばしば、香水は、他の人がつけているのを嗅いだときに強い印象を与えます。それはラストノートが与える印象です。この事実により、人がある香水の虜《とりこ》になるのは、ラストノートが鍵になっているという確信を強くしました。調香を行なっているあいだ、わたしはもちろんトップノートやミドルノートを重要視します。試香紙の上ですぐに香るのはこれらのノートだからですが、同時にラストノートにも多くの注意を払います。ラストノートが現われてくるのを嗅ぐのは、一種魔術のようなところがあります。数時間待つ必要があるからです。調香におけるほとんどすべての材料が重なり合ってそのノートが生まれるのであり、わたしが直接できることは限られます。調香の過程で配合を変えると、トップノートとミドルノートに特にその効果が反映します。ラストノートは、作り上げようとした時間に香りを委ねなければなりません。そして、その時間に香りを委ねなければなりません。わたしは、クリエイターは全能ではないと考えています。思いもかけない面が現われてくるからこそ心を打つラストノートというものもあります。残念ながら、これまで香水の表象はラストノートにしかるべき価値を与えてきませんでした。有名な「香りのピラミッド」の図は、トップノートよりもラストノートのほうが複雑さにおいて劣ると思わせてしまいがちです。そして、ラストノートは何かの最後だと考えてしまいがちですが、本当は、反対に、ラストノートは、水彩絵の具が乾いた時のような、一種の時が満ちた状態なのです。それは開花の時です。わたしにとって、香水の真の美しさは、調香師が完全にコントロールできる部分よりも、我々の手を離れて花開くこの部分にあるのです。

わたしが高校一年のとき、しょっちゅう遊びに行っていた女友だちのご両親がある日こう言いました。「マチルドは調香師になるといいんじゃない？」彼らは調香師養成学校についての番組を見て、わたしのことを考えたのだというのです。というのも、わたしは香水や匂いについてばかり話していたからです。その日、わたしは、いつも嗅いでいる香水の後ろにはそれを作っている人たちがいるのだと突然悟りましたが、それが具体的に何を意味するのかについてはまったくイメージが湧きませんでした。一九八〇年代には、調香師がメディアで取り上げられることはありませんでしたから、その職業がどんなものか思い描く術はなかったのです。その頃わたしはどちらかといえば写真の道に進もうと考えていました。そのためには、香水の学校と同様に、高校卒業後二年間化学を学ぶ必要がありました。つまり、その間に、進路を選ぶ時間があるというわけでした。特に将来について思い悩むこともなく、わたしは、写真を撮り、香水のサンプルを嗅ぎ続けましたが、香水に自分の時間をすべて費やしているわけでもなく、その職業に進むための準備もできていませんでした。本当のことを言うと、香水業界にまつわる既成のイメージに少しばかり困惑していたのです。例えば、香水を通じての男性や女性の表象の仕方に同感することはできませんでした。わたし自身は香水の広告に自分を同一視することは決してありませんでした。自分の部屋の壁を新聞紙で飾り、棚には小さい香水瓶を並べていましたが、それは、街中で見かける香水のポスターや雑誌の広告のイメージとはまったく切り離されていました。

香水に心動かされるのは純粋に香りそのものからだけで、そこには名前もビジュアルも関係なく、商業的な世界はまったく入り込んできませんでした。わたしが調香師になったのは、香水業界に惹かれていたからではなく、香りに惹かれていたこと、そしてクリエイションという行為に情熱を抱いていたことが理由です。香水は、この二つを結びつけるものだったのです。

一九九二年秋、わたしは香水・化粧品・食品香料国際高等学院（ISIPCA）に入学しました。まるで香水の美大に入学したような気持ちでした。香水の創作を学びに行くのですから、芸術学校であることには違いないのです。でも実際のところ、この学校では、化学や法律、マーケティングについても多くを学び、わたしはすぐに、自分のビジョンや期待は多くの学生とは異なっていることに気がつきました。同級生のほとんどは、美術やクリエイションにはさほど関心を抱いていなかったのです。反対に、彼らは、その後の就職先としての業界の現実により意識を払っていました。わたしといえば、調香師という存在を発見したばかりで、正直に言えば少しばかりナイーブでもありました。まさにその工業としての側面を見ていなかったのです。学業の終わりに起こった決定的な瞬間はそれをよく表わしていました。わたしの学校は学業カリキュラムの改変を図り、我々は学業を丸二年で終了するカリキュラムの最後の学年になりました。それ以降は、修業課程は三年間、その間に企業での研修を受けるというもので、この、新しい学業カリキュラムのプレゼンテーションのために、レセプションが開かれました。一九七〇年にこの学校を創設した一員として、ジャン＝ポール・ゲランもその日出席していました。ちょうどその数週間前、わたしは学期最後の研修を希望する手紙をゲランに出していたのですが、返事は来ていませんでした。彼に話しかけるのは気後れしましたが、同級生はみな挨拶したものだと思い込んでいました。自己紹介しに行くなんてわたし一人だけだったとは思いも及ばなかったのです。シャンパーニュを二杯あおって、ついに彼に声をかける勇気が出ました。でも実際には、わたし以外には誰もジャン＝ポール・ゲランには話しに行かず、みんな、わたしが研修生として使ってほしいと言いに行ったということを聞いて面白がっていました。彼らはどちらかというと、ＩＦＦ、フィルメニッヒ、クエスト、ハーマン＆ライマーなど、当時大手の調香会社への入社を予定していて、ゲランは期待するところの少ない、埃《ほこり》を被ったブランドだとみなしていました。誰もそんなところに入社しようなどとは考えていなかったのです。ともかく、ジャン＝ポール・ゲランはわたしを研修生として受け入れてくれ、その三か月後にわたしは社員として雇われました。年度末の試験の時に同級生に再会したとき、正社員のポストを獲得していたのはわたし一人でした。同じ職業を目指し、野心と不安を分かち合っていたクラスのなかで、わたしは好奇心たっぷりで先入観を持たず、銃口に花を挿した兵隊のように将来を信じきっていました。真剣でなかったというのではありません。この調香師学校に入学するために量子力学、構造プレート、液体熱力学を大学で学んだのですから！　しかしそうした知的努力のあいだも「崇高な無意識」はわたしの元を離れることはありませんでした。今思い返し、それで正解だったと心から思います。もし、ゲランに行っても役に立たないという考えに染まっていたら、わたしは、その後ゲランで学んだ大事なことに触れることができなかったでしょうから。一種のナイーブさを大事にすることを知らなければなりません。

現実はこういうものだと思い込むシニカルな態度に染まりきってしまわないこと。

一九九四年にわたしが学位を手にした時代、香水業界は大きな曲がり角を迎えていました。わたしが育った時代、そして自分の好みを作り上げた一九六〇年から七〇年代の香水業界と、フルーティなトップノートが特徴的な一九八〇年から九〇年代のあいだに横たわる隔たりです。わたしには、新しく現われた傾向は二次的な重要性しか持たないと思われました。《ミツコ》に含まれるアルデヒドc‐14や、ロシャスの《ファム》に特徴的なプリュノールを嫌っているわけではまったくありません。しかし、香水にキャラメルやチェリーの香りを加えさえすればいい匂いになるだろうと言いたげな、ベタついたノートを受け入れがたいのです。フルーツの香りを排除しているわけではありません。エレガントで、流行に左右されない、自然な香りならばいいのです。《ルール コンヴォワテ》[1]の赤いカーネーションのイメージに応えるため、新鮮なイチゴの香りを含めることを思いつき、考慮にも入れましたし、《ベゼ ヴォレ リスローズ》ではフランボワーズの香りと戯れもしました。しかし、わたしを一人前の調香師に仕立て上げた香水と、この業界に入った時の香水のあいだには溝があり、その溝は香りという点にとどまりませんでした。この「世紀末の始まり」において、沸き立つ業界はジャン＝ポール・ゴルチエ、ティエリー・ミュグレー、イッセイ・ミヤケ、ケンゾーなど、多くの新規参入者を迎えていました。この頃多くのファッションブランドが香水の世界に手を出し始めました。それだけではありません、この時代には、ボールペンメーカーのB·i cがオードトワレを売り出したりもしていたのです。

群棲《ぐんせい》本能に突き動かされたかのように、さまざまな分野のブランドが競争に乗り出し、調香会社はマーケティング会社に衣替えし、この新規市場の陣取り合戦に準備万端で参入したのです。他よりも買収や合併が続き、成功は広告によって約束され、そこに予算がつぎ込まれました。他よりも大きく、早く、他よりも「パフォーマンス」の良いリリースを数多くこなすにはそれなりの投資が必要でした。そういった状況を誰ひとりとして歓迎もしていなかったし、信じてもいませんでしたが、群れの動きには従うしかなかったのです。とはいえ、この時代は、印象深い香水をいくつか生み出しました。《エンジェル》が出たときには素晴らしいと思いましたし、他にも、イッセイミヤケの《ロードゥ イッセイ》《ルフードゥ イッセイ》、《コロン バイミュグレー》などがありました。真に新しい香りが現われましたが、同時に、アイディアの模倣も珍しくはなく、消費者テストに頼ることで調香会社間の競争は互いの首を絞めることになりました。流行を摩耗《まもう》させるこの傾向はわたしには高貴なことに思えませんでした。そんなことのために香水業界に入ったのではないのですから。わたしは美とエレガンスを求めていたので、香水業界の新傾向はわたしを満足させてはくれませんでした。それは、わたしが男女を問わず提供したいと望んでいた上品さには適っておらず、香りによる美を作り上げたいというわたしの欲求はいやますことになりました。モードにおいて、マルジェラ、サン＝ローラン、カルダンやシャネルが、市場に溢《あふ》れかえる商品とは異なるものを提案したいという意欲から自らの様式を固めていったのと同じように、わたしも、時代の流れよりは自分の美意識に叶《かな》うものを選んでいきました。調香学校の卒業前にジャン＝ポール・ゲランの元で研修したいと思ったのもそのためです。

わたしは戦前生まれの世代の子供で、感銘を受けた香水に《ミツコ》がありました。ゲランは香水という芸術の歴史とその美を体現しており、その頃わたしがすでにイメージとして抱いていたクリエイションを学ぶには願ってもない場所でした。わたしは若い調香師でしたが、流行を追う気はなく、時代を越える、今までに嗅いだことのない香水を通じて自分の信じるエレガンスを伝えたいと願っていました。そういった香水こそが、唯一のオーラにおいて、その美しさで他と差をつけることができるのだと信じていたのです。

ゲランで香水を作ることができるなんて、これ以上の夢はあるでしょうか。調香師になって最初の数年間、わたしはジャック・ゲランの傍《そば》で多くを学びました。彼は真の意味で香水の美のために働いていました。その甥のジャン゠ポール・ゲランもその美を懸命に擁護していましたが、この理想は業界では地位を失いつつありました。一九九〇年代初頭の業界においては、誰しもが、皆が好み、買い求めやすい香水を作ろうとしていたのです。わたしは、ゲランではまだ生きていた香水のビジョンに触れるこの上ない幸運に恵まれました。それは、十九世紀からこのメゾンが体現し、その頃はまだ死に絶えていなかったビジョンでした。そのおかげで、わたしは自らの信条に従った香りを生み出すことができました。他では実現不可能だったでしょう。わたしは、ただ美の追求に突き動かされ、文字通りマーケティングからかけ離れた香水を調香できました。ジャン゠ポールが後ろ盾になってくれたからできたことです。同時に、わたしは香水製造の過程にも関わったので、他に例を見ない素晴らしい方法でこの職業について学ぶことができました。

工場では、わたしは《シャリマー》や《ミツコ》《夜間飛行》などの、時には三百キロにまで上る濃縮液を、大きな金属製の盤で測りました。何にも変えがたい修行時代でした。直接素材に近づくことができたからです。素材を百キロのドラム缶単位で扱うと、まったく物の見方が変わってしまうのは確かです！　素材を、ごく少量か、もしくはアルコール抽出液の形でしか扱えなかった学校時代と異なり、より全体的な理解を得ることができるのです。自然にあるがままの素材の匂いを嗅ぎ、混ぜた時の反応などを理解することで、素材に対する比類のない本能を研ぎ澄ませられます。そういう意味では、調香学校の学生にとって工場での研修は常に実り多い体験です。ゲランでわたしは、現在ではほとんど、いやまったく考えられないような体験をすることができました。例えば、動物素材の原料を近くで見て扱い、知識を深めるなどです。シベットやカストリウムをアルコールに何日間も浸けたり、本物の龍涎香《りゅうぜんこう》を嗅ぎ分けたりさまざまな測定にかけたり、ムスクの粒の入った大瓶に鼻を突っ込むなどの体験をした調香師はわたしの世代ではおそらくとても稀《まれ》だと思います。ゲランでの修行時代は、昔からの伝統に基づいて行なわれました。今になってみると、まるで二十世紀初頭の調香師のようです。別の時代の好みとしきたりに基づいていたのです。とはいえわたしは、調香の際にはかなりの自由を許されました。ジャン＝ポール・ゲランは、初めから幸いにもわたしを全面的に信頼してくれたのです。わたしに対しては本当に好意的で、わたしは今でもそのことに感謝しています。ある日、ジャン＝ポール・ゲランは、彼が二十年前に作った《ナエマ》のライトバージョンを調香するようにと頼みました。わたしは彼の調合にリリアール、リラール、シクラメンアルデヒドなどの軽やかなフローラルノートを加え、鼻につく重たい部分は取り除きました。それからしばらくして、彼はわたしに、マーケティング部門がわたしの調合を嗅いで、その軽やかで明るいエスプリで四つの香水を調合するようにと言っている、と伝えてきました。新しいシリーズを立ち上げたいと思っているのだと。それで《アクア・アレゴリア》シリーズを調香しました。《イラン&バニーユ》《ハーバ フレスカ》《パンプルリューヌ》、そして《ナエマ》の新バージョンである《ローザ マグニフィカ》です。素晴らしいことに、わたしはこの四種類の香水を、マーケティング部門との調整や事前評価なしに、期限も価格帯にも縛られず、その後これらの香水にどんな運命が待ち受けているかも気にせずに調香することができたのです。これこそが崇高な無意識ではないでしょうか。これらはどんな変更も経ず世に出て、特に《パンプルリューヌ》は好評を得ました。当時のわたしのような若い調香師には信じられないような恩恵を受けたのです。それでわたしは自信を得て、美を作るために最良の仕事をするならば成功は自然とついてくるという考えを強くしました。この経験に支えられ、わたしはその数年後に《シャリマー オーレジェール》を調合しました。これは《シャリマー》初のバリエーションでした。わたしは二週間かけてこれを調合しました。ジャック・ゲランの調合には感嘆の念を惜しみませんでしたが、この伝説的な香水を前にして、どうしたらいいだろうかと悩むことはあまりありませんでした。大事なのは、元々の調合にみずみずしさをもたらすことであり、それでいて、この二つの香水が共存できるように、オリジナルを尊重することだったのです。わたしはこの作業に没頭し、不安になることも、過度に興奮することもありませんでした。このバランス感覚が作業を解放するのです。「崇高な無意識」は、時に思い込みをもたらすこともあったかもしれませんが、でもこのおかげで、自らの香水のビジョンを追い求め続ける自由を得られたのだと思っています。この職に就いてから、香水以外の外部の要素を考慮に入れようと努めることもありました。しかしそうすると、創造性もエネルギーも大いに失ってしまうのでした。今日、わたしはカルティエの調香師として、この自由なエスプリがこのメゾンでは許されているだけではなく、大いに推奨されていることを本当にありがたく思っています。

二〇一四年、わたしは、《ラ パンテール》を調香することになりました。常にわたしを導いてきたエレガンスについてのビジョンを香水という形で結晶化する時が来たのです。意識的か無意識的かにかかわらず、自分がそれまで他の香水から得てきた感動と自分のそれまでの道のりがここには凝縮しています。この香水を作り出す際、ジャンヌ・トゥーサン、「ラ パンテール」〔豹〕と呼ばれていた女性のことが常に頭にありました。彼女はルイ・カルティエの後を継ぎ、一九三〇年代から一九七〇年代までこのメゾンのクリエイション部門の責任者でした。このエレガントで自由な女性はどんな香水を身に纏《まと》っていたのでしょうか。その答えは、知的な官能性の発露とわたしがみなしている部類に属するシプレノートをおいてはありえませんでした。女性による、意図的ですが抑制された魅力です。アニマルノートも同じように必要不可欠に思われました。香水界では伝説的な原料であるトンキンムスクのノートをさまざまに試すことによって、わたしは香気を漂わせる豹《ひょう》という神話に応えました。

それによって、現代の香水界ではすっかり消え去っていたアニマルノートを再び取り入れることにもなりました。ミドルノートにガーデニアを選んだのは、それが二つの大戦間に香水に使われるようになった花だからです。ジャンヌ・トゥーサンがつけていてもおかしくない香りなのです。それから、フルーティなアクセントをごくソフトに足すことで、この香水に、意識的にではないにせよ結果的に《ファム》や《ミツコ》に似た要素を加えることができたと思います。それから何年も経って、サラ・ブアスとクレール・ドゥエリーが、それぞれ偶然、調香師の母親たちがつけていた香水についてわたしにインタビューしたのですが、その時に遅ればせながら《ラ パンテール》がどれほど自分の母親に結びついていたか悟りました。母は、何かの徴《しるし》のように、この香水を発表したときにあの世に旅立ったのです。

⦿1　マチルド・ローランの《レ ズール ドゥ パルファン》コレクションの一つ。「欲された時間」(L'Heure convoitée)。コレクション全体については本書巻末の「香水一覧」を参照。[訳註]

I なぜあらゆる香水が存在する必要があるのか

誰もが香水と同じ関係を結んでいるわけではありません。わたしの周りを見ていてもそれはよくわかります。まったく香水をつけない人もいれば、デオドラントを身体中に振りまく人もいます。香水は単純にいい匂いがするから好きだという人もいるし、自分にとって意味がある香水をずっとつけ続ける人たちもいます。自らのスタイルや美的感覚や、世界のビジョンに適っているのだと。そういった人たちは、一種の芸術作品のように香水をつけます。服にブローチを付けるように。または、自分の考えを表明したり、アパートの家具を買ったり、友人を選んだりする時のように。香水はそういう物でもありえます。その人がどんな人であるかを示す選択、その人の意思や、どのように人に見られたいかを表わすような。わたしの最初の広報担当だったマリー＝エテル・シメオニデスは、もちろん香水を大いに尊重していましたが、彼女自身はバラのエッセンシャルオイルしかつけていませんでした。そのシンプルさが彼女にとってはこの上ない洗練であり、彼女ならではの人生観であり、エレガンスに対する主張なのだとわたしは思います。

香水にはありとあらゆる使い方があって構わないし、わたしはそのすべてを尊重しています。香水を重要視しないからと言って軽蔑することはありません。わたしは、ファベルジェ社の《ダーリン》と《ブリュット》という、《インパルス》シリーズのデオドラントの時代に育ちました。スーパーマーケットにオードトワレが並んでいるのもずっと見てきましたし、ファベルジェの《ブリュット》のように、重要な調香師によって作られた良質な商品が手に入れやすい値段で提供され続けているのは素晴らしいことだと思っています。わたしは最初から、どんな香水もこの世に存在する権利があると固く信じてきました。もちろん、情報の透明性が保たれ、商品の質に嘘偽りがないことが条件ではありますが。クリエイション、信念、物語がないのにあたかも存在するように信じさせたりしてはなりません。何もかもを混同しカモフラージュすることで、物事の真の価値が曖昧になってしまうからです。あらゆる香水に価値があるわけではないし、それはそれでまったく構わないのです。ある商品がもたらす喜びは、価格に比例しているわけでも、その芸術的な次元に条件づけられているわけでも、それを支えるアプローチに規定されているわけでもありません。他の分野では、それは当たり前なことです。例えばわたしは、高級レストランに赴くこともありますし、レストラン「パピヨン」でクリストフ・サンタンジェの料理を堪能することもあれば、娘たちとマクドナルドに行き、それがジャンクフードであることは百も承知でバーガーを楽しむこともできます。パリ・フィルハーモニーにマックス・リヒターのコンサートを聞きに行くこともあれば、踊り出したい気にさせる夏にぴったりのダンスミュージックを一日中かけることもあります。好みというものは、そこに楽しみを見出すことができるならば、どれも正しいのです。ただ一つ大事なのは、自分の気持ちに合っているかどうかです。わたしは自分の創造を通して香水というものを高めていきたいと思っていますが、だからと言って、その意図を共有しない人を返す刀ですべて薙《な》ぎ倒そうとしているわけではありません。その反対に、ある芸術を認めるには、その芸術に関心を持たない人たちのことを知るべきなのです。現在の香水界の一部は、何もかもが贅沢であり、芸術であり、贅沢は高価であるはずだという考えを流通させ、我々の価値観を混乱させています。ディスカウントストアのチェーン店「リドル」は、最近六ユーロの香水を商品化して話題になりました。香水が、「廉価《れんか》である」ことを隠さないどころか、堂々と謳うのはとても稀《まれ》なことですから、そういう香水が存在するのはいいことだと思います。この価格帯の香水でもいい匂いになりうると証明しているわけですし、もしかしたら、もっと高く売られている他の香水に似てさえいるかもしれません。今日世界中に無数に存在する商品と、毎年リリースされる眩暈《めまい》のするほどの数の新商品のなかで、我々はおよそどんな香りでも、自分に納得のいく価格で見つけることができます。

他の創作分野とは異なり、圧倒的な数の製品が絶え間なく供給されている香水業界の分野分けをする言葉を我々は持ちません。映画を例に取ってみましょう。この分野にはさまざまなジャンルがあり、表現方法も多様です。ブロックバスター、芸術的映画、傑作、古典映画、B級映画……。このような多様性が存在することは周知の事実であり、映画産業も観客もそれを認めています。香水の世界においても、香水の数だけ異なるアプローチが存在するのに、人々は、世界にはただ一種類の香水しか存在しないように語りがちです。まるで、抽象的だとみなされている感覚については、分析能力を失ってしまうかのように。他の芸術分野では、コンセプチュアルな次元を十全にコントロールできているのに、どういうことなのでしょうか。わたしは、現在市場に出回っているさまざまな商品のなかから、人が的確なチョイスをできるように、香水の位置づけをするべきだと思いますし、そうするよう心がけています。当然のことではないでしょうか。『青いパパイヤの香り』を観に行くように『ようこそ、シュティの国へ』[1]を観に行くわけではないでしょう。音楽にしても、我々はモーツァルトとランバダの区別をできます。そしてもちろん、区別をしつつ、どちらも好きになることだってできるのです。誰でも、欲求や予算がいかなるものであれ、自分が探し求めるものに出会うまでとことん追求することが可能になるべきです。情報が誰にでもアクセスできるようになっていれば、物事はクリアになります。そうなれば、より知識や理解を深めることもできるのです。ある調香師が作った香水を複数試して、自分のスタイルに合っていると感じた人は、自分の好みのミュージシャンの新曲を心待ちにするように、その調香師の新作の香水に期待を寄せることでしょう。ある種の香りが自分の好みであることを発見した人は、自分が好きになれる香水を見つけやすくなるでしょう。それは、例えばSFのファンが、どんな映画を観に行きたいかわかっているのと同じことです。芸術というものはそう言ったこと全体の上に成り立っています。多様性、作品を導く糸、連作、物語、さまざまな世界。そしてそのなかで自分の道を進み、好みを深化させることが可能になるのです。そういう意味では、わたしは、「リドル」の香水が存在することを喜ばずにはいられません。そのおかげで、もしかしたら、香水にお金をかけられなかったりその気がない人でも自分の香水を手に入れられ、その最初の扉を通じて、香りの世界に入ることができるかもしれないからです。

溢《あふ》れるほどの選択の余地があるこの業界において、我々調香師は、可能な限り高いレベルのクリエイションを試みる使命を抱く必要があります。考えを突き詰め、一心にインスピレーションを追い求めること。AIにはすでに心地の良い香りを作る能力があります。しかしそのクリエイションのなかに、意味や感情、シンボルや芸術性を込めることはできません。さまざまな現実の条件と折り合いをつけ、香水が使用されうる多様な状況を想像しながらも、香水を最も高みに引き上げるのは我々の使命なのです。情報が共有され、アドバイスが行なわれる限りは、あらゆる香水は存在することができるし、存在しなければならないのです。

⦿1 フランスの大衆娯楽映画(ダニー・ブーン監督、二〇〇八年)。[訳註]

VIII なぜ匂いをよく嗅ぐことができるだけでは十分ではないのか

「若い時には調香師になりたかったんです」。「わたしも調香師になれたと思います」。このような言葉をよく聞きます。そしてその度に、心打つ発言だと感じます。その背景には、わたしの職業に対する真摯《しんし》な関心が見てとれますし、この職業への共感を伝えようという想いを汲みとれるからです。そうではあるのですが、「わたしも調香師になれたと思います」と言われると、その度に、それは少し違うと言いたい気持ちになります。現実的に、本当に調香師になれたのに弁護士になったとか、医師になったとか、消防士になったという人は稀《まれ》だからです。わたしはこれを寛容な気持ちから言っているのであり、この職業に就けたかもしれないと考えたい人たちを非難するつもりは毛頭ありません。それは単に間違ったイメージの上に成り立っているだけなのですから。だからこそ、調香師という仕事をより芸術的な意味で明確に理解するためには、この職業を真の意味で説明し知ってもらうことが大事だと思われるのです。

古くから存在する一般的な勘違いは、調香師になるためには匂いをよく嗅《か》げる必要があるというものです。匂いを嗅ぎつける能力があるのが条件であるとでもいうように。匂いを嗅ぎ分け、数え上げ、匂いの元を暴く……。猟犬のように、とでもいうのでしょうか！　多くの人が、よりよく匂いを嗅ぐというのは、知覚の鋭敏さに基づいていると想像し、その能力に長《た》けている場合には、自分は調香師になれたかもしれないと思い込むのです。しかし、その能力は何の関わりもありません。わたしは他の人よりものを嗅ぐ能力があるわけではないと断言できます。勤務外の時間や、友人と週末を過ごしているときに、例えば「あ、今隣《となり》でマッチを擦《す》っている匂いがした！」というような指摘をすることは決してないのです。わたしの調香師としての特質は、身体的な能力に優れているところにあるのではありません。自然がわたしに与えた「超嗅覚」の持ち主ではなく、わたしの持っているのは、匂いに関する文化です。長い学習を通じ、わたしは例えば、今嗅いでいるのがジャスミンの匂いか、オレンジの花の匂いかを知ることができます。キウイの匂いなのか、赤ちゃんのゲップなのか。マニキュアかアルルカンキャンディの匂いかを区別できます。人を調香師と分け隔つのは、匂いを判断し、分析し名づけること、つまり、匂いを理解することであり、これは知性と、そして直感によって行なわれます。

自らが特殊な嗅覚の持ち主だと思っている多くの人における根本的な間違いは、どんな香りが自分を感動させるのか描写したり、自分たちの環境について客観的または創造的な観察をしたりするのにその能力を役立てるのではなく、自分たちの邪魔になるものに対してその嗅覚を働かせることです。例えば、地下鉄の臭い、オフィスの同僚の匂い、隣人のキッチンから漂うにおい……。調香師の仕事は匂いに対して個人的な判断を持ち込み、良い匂いがするものと臭いものを仕分けすることではありません。むしろその反対です。わたしは物事を好き嫌いで判断する教育はまったく受けませんでした。さまざまな花の匂いを嗅ぎ分けることを学びましたが、「この花の匂いは素敵だがこれは良くない」と言われたことはありません。わたしが学んだのは、庭を構成するためにはあらゆるものが必要で、それぞれの要素には固有の役割があるということでした。ごくシンプルな匂いの花が、もしかしたらその驚くべき色彩のおかげで、美しいが少しばかり色褪せている他の花を引き立てることがあるかもしれません。わたしは匂いを含めたあらゆる事柄に対し、このように判断を下さないことを実践してきましたし、それは自分の軸となっています。幼いとき、両親と姉とノルマンディーにバカンスに出かけたときに、強烈な匂いを漂わせている動物油脂加工工場の前を車で通りました。近くに来ると三人は急いで窓を閉めましたが、わたしは自分の側の窓を大きく開け、胸いっぱいにその匂いを吸い込んだものでした。グリュイエールチーズを溶かしたような、少しスパイシーで、ある種の高貴ささえも醸し出している饐《す》えた匂いがわたしは大好きでした。それが動物の脂《あぶら》を溶かしたものだからといって特に気になりはしませんでした。匂いそのもの、そしてその匂いが自分にもたらす印象から純粋に物事を捉えていたのです。

後に、調香師学校でわたしの教師だった、調香師で画家のジャン＝フランソワ・ブラインは、どんな匂いにも、調香に役立つポテンシャルがあると教えてくれました。その点においては、どんな匂いにも意味があります。色彩と同じです。調香師という職業において、ある種の匂いの使用を自己規制するのは馬鹿げたことです。黒が嫌いだから使わないと宣言する画家を想像できるでしょうか。ものを見ている限り色彩は存在するのであり、アーティストは、その色彩に従うかどうかを決めることはできても、具象であれ抽象であれ、青を描こうと思ったら青色を使わなければなりません。この規則に従わないことはできないのです。香水の世界でもそれは同じです。もしも、肌に触れるような、生命を感じさせるような感覚を付与したれば、肌と生命を取り込まなければならないのです。摘み取られたハーブの匂いの分子からバニラの香水を作ることはできません。

数年前、ラジオ局のフランス・アンテールの番組で、わたしはセルジュ・バグダサリアンに出会いました。コメディ・フランセーズの会員であるこの役者は、自分の演じる登場人物になりきるために香水の助けを借りることがよくありました。わたしは彼と一緒に、登場人物数人の香りを想像する試みをしました。すでに存在する香水から選んだり、ときにはわざわざ調香したりもしました。二〇一九年に、彼はジョルジュ・フェドーの芝居『耳に蚤』のなかで、二重の役割を演じました。ある場面ではエレガントで洗練されたブルジョワ、別の場面では、いつも酔っ払っているホテルの雑用係を演じるというものです。前者の登場人物のために、わたしは《ルール プロミズ》[1]を使うのはどうかと勧めました。デリケートでパウダリー、女性らしささえ備えているアイリスの香水で、ダンディにはぴったりです。アルコール漬けのホテルマン、ポッシュについては、セルジュは、この登場人物は薪の調達をしていて、屋根裏で寝ていると教えてくれました。この役柄には、馬のたてがみと干草の香りのする《ルール フグーズ》[2]が必要だわ、とわたしは思ったのです。そして、この香水を登場人物に完璧にマッチさせるため、この香水に安物の白ワインとウィスキー、ブランデーを混ぜて小瓶に入れました。芝居が進むにつれ、この香水とアルコールの混ざった瓶はポッシュの衣装に次第に染み込み、アルコールの匂いを次第に強く放つようになりました。この芝居を一緒に演じた仲間はこの演出を面白がってくれたとセルジュは話してくれました。他の役者にとっても、この匂いのおかげで登場人物がより具体的になったのです。調香師はこのように、あらゆる匂いを道具として使用できなければなりません。

　ある匂いを敏感に嗅ぎ取り、嫌悪感を表わすことによって調香師になれただろうと考える人たちは間違っています。この職業には、正反対の能力が必要とされるのです。つまり、価値判断を持ち込まずにさまざまな匂いを受け入れるということです。我々の業界で最も頻繁に使用されている合成香料のなかには、多くの人を驚かせる匂いがあります。酢酸ベンジルはマニキュアの強い匂いがしますが、数え切れないほどの香水に使われています。「ジャスミン香」がすると一般に定義されているヘディオンは、わたしには、スラブ系の料理に典型的な、きゅうりのピクルスを思わせます。もしわたしが調香師でなかったら、市場に出回っている香水にはほぼ一〇〇パーセントこの香料が含まれていると考えることができたでしょうか。香水の歴史のベースになっている動物由来の、糞の匂いのする分子に関してはどうでしょう。これらの匂いが数多い名作の香水において重要な役割を果たしてきたことを多くの人は知りません。調香の際には、香りに関する先入観を完全に取り払い、自分自身の好みを乗り越えなければなりません。そうして初めて、それぞれの材料が、自分にとっての妨げではなく可能性であると感じられるようになるのです。鼻が効くかどうかに関わりなく、ある匂いが好きか嫌いかのレベルに留まっている限りは、運動能力がありながら自分の能力を超えようとしない人間と同様になってしまうのです。

調香師は一日中自分の鼻を駆使しているわけではありません。実際のところ、この職業にとって最も重要な能力は嗅覚とは何の関係もありません。日常的に求められているのは匂いを嗅ぐことではなく、匂いについて思考することなのです。調香師として、廊下の反対側の端を歩いている人がどんな石鹸《せっけん》や香水を使っているか嗅ぎ分けられることは要求されていません。必要とされているのは、香りに関するインスピレーションです。今までに存在しない調合についてのアイディアがあること、そしてそれをイメージできることです。頭のなかで匂いを嗅ぐこと。まるでその匂いが鼻先にあるかのように。調香師は、ある香水を、調香以前に想像することができます。匂いに関する想像力はこの職業に就く上で求められる才能であり、この能力により人は調香師であると認められるのです。

わたしのようにブランド専属の調香師の場合には状況はさらに複雑です。香水をイメージする前に、ブランドについて精通している必要があるからです。まるで家族の一員であるかのように、です。カルティエに入ってわたしが最初にしたことは、このブランドの歴史、文化、好み、哲学、雰囲気、それを取り囲む世界に隅々まで浸ることでした。メゾンについて熟知することは、いかなるインスピレーションを得る上でも、どのようなクリエイションにおいても必ずなくてはならない三本の柱の一つです。二番目は、自分がどんな時代に生き、香水を作っているのか、自分の位置する歴史的社会的文脈を知ること。そして最後に、香水という芸術史を知ることです。わたしは常に、自分の作品が香水の世界に一石を投じるよう努めています。毎回新しい車輪を発明するわけではありませんが、その車輪を少しでも回すように試みなければなりません。この三本の柱の交わるところにアイディアを据えることができたとき、それは、カルティエらしく、現代的で、「パルフュミスティック」――これはわたしの造語で、香水の意義をその真奥から汲み出しているという意味です――そういったクリエイションの元になるのです。

《ランヴォル ドゥ カルティエ》を例に取りましょう。この香水を生み出す上で、わたしには一つの問いがありました。同時代の男性にどう働きかけたら良いのか、ということです。二〇〇〇年初頭には、女性らしさと繊細さを備えていることを受け入れる「メトロセクシャル」という種類の男性たちが現われましたが、その十年後、男性は筋肉隆々たるべきだという既存のイメージに再び縛られてしまったかのように見えました。わたしはそれに絶望し、それについて問題提起をしたかったのです。男性の精神性、繊細さ、エスプリを尊重していることを示したかったのです。女性も男性も、クリシェに閉じ込められてはならないと思ったのです。わたしは、史上初の飛行家アルベルト・サントス＝デュモンに魅了されていました。彼はルイ・カルティエの親友で、メゾンを象徴する顧客であり、彼のためにカルティエは初めて手首周りに嵌《は》める腕時計というものを作ったのです。この、飛行機を史上初めて操縦した男性は、一種の気狂いじみた考えを最後まで突き詰めるという天才的な行為によって世界を変えることに成功しました。アンリ・デュナンが言うように「世界を変えられるのは、それが可能だと考えられるほど気狂いじみている者だけだ」。アルベルト・サントス＝デュモンは文字通り、人と異なる点において身を立てたのです。わたしはここから想を得ました。この人物は、カルティエというメゾンの精神を象徴していたからです。

この二つの要素が揃ったところで、わたしは、どのように、自分のクリエイションを現代の香水のなかに位置づけようかと考えました。すでに腐るほどあるウッディでアンバーな香水の流れの現代バージョンを作るのか、他のスタイルを探すのがいいのか……。この、飛行家のように上昇するというイメージにおいて、わたしは、向精神効果のある飲み物に関心を持ちました。勇気と精神力を与える効果、そして、それを通じてアーティストたちが体験したいと思った実験的な面に着目したのです。最終的に、神々の飲み物であるアンブロワジーと、人が神に近づくために数千年前から飲用していたイドロメル[3]のイメージ――これは古代の香水が持っていた聖なる役割とも繋《つな》がります――をめぐってこの香水を作ることにしました。これで香水を作る上での三本の柱が立ったわけです。わたしのクリエイションは、毎回以上のようなプロセスを経て成り立っています。

　香水について考え、インスピレーションを得ること。すべてはそこから始まります。しかし同時に、メゾンのさまざまな部門とエスプリをともにしなければなりません。香水が生まれるためには、彼らの信頼を獲得し、信じてもらうことが大事です。「歴史の香るカルティエ的な」コンセプトを上手に構築する能力もまた同じように本質的です。自分の作る香水が良い香りであると納得させるのではなく――それは最低限の条件です――この香水の支柱となる思想に一貫性があり、それが現代的でメゾンの特徴を活かしているという件の三本柱に見事に応えていると示せなければならないのです。これは、共同でのクリエイションにおいては必要条件です。無意識の願望に応えるインパクトのある香り、その欲望と嗅いだときの衝撃と出会いから感動が生まれます。それに虜になることがあってもいいかもしれません。この時点ではまだ我々は香水作りという大きな山の麓にいます。我々の仕事になくてはならない三つ目の能力は忍耐です。調香という作業は、これ以上ないほど精神を消耗させる作業です。一つの香水を作るのには平均何百もの試作が必要とされます。《ランヴォル ドゥ カルティエ》の際には六百回試作をしました。珍しくないことですが、作業の途中で、新しい方向を試してみることや、回り道をすることがあったからです。最初、わたしは、コーヒーの香りを使いまったく新しい調合を試みました。コーヒーはわたしの大好きな香りなのです。しかし、この試みは断念せざるをえませんでした。

フランスはコーヒー消費大国であるにもかかわらず、コーヒーを含む香水の販売を禁じている世界でも唯一の地域だからです。それと同時に、わたしは、コーヒーを構成する分子の一つであるロブストオンがいつまでも肌に残り、最後には、灰を思わせる、冷えて乾いたコーヒーの飲み残しの匂いになることに気がつきました。しかし、この道を断念すれば、数か月の仕事と百数十の試作が水の泡になってしまうのであり、そう考えるといつも目眩さえ覚えます。最後に、ビジョンの問題があります。調香師の仕事で最も大事な部分のひとつに、香水についての思考があります。香水について語り、説明し、字義通りそして比喩的な意味でも香水瓶に囚われになっている香水を解き放つことを想像する……。香水は文字通りの意味で、人前に出される必要があります。それにより、人は香水を理解し、自らのものにし、香水は芸術的にも感情的にも次元を広げることができるのです。それでわたしは、二〇一七年に「ＯＳＮＩ」（特定されない物の香り）というプロジェクトを実現させるに至りました。これは、透明なガラスのキューブのなかに香りのする雲が閉じ込められている作品です。このイマーシブインスタレーションは、見学者が螺旋階段を上がって実際に雲のなかを通り抜けるというもので、現代美術見本市Ｆｉａｃの期間中に、パレ・ド・トーキョーの中心にある水盤の前で発表されました。カルティエがコンテンポラリーアートと長いあいだ培ってきた関係とも完璧に呼応するプロジェクトでした。しかし、最初から「わたしは未確認香気物体を作りたいの！」と思っていたわけではありません。これは《ランヴォルドゥ カルティエ》のテーマである、精神的かつ身体的な上昇というイメージから出てきた論理的帰結でした。香水はもともと、神々の汗を身に纏《まと》い神々に親しく語りかけられるという感覚のために存在しました。この香水の核となる素材はイドロメルでしたから、オランピアの宮殿に登るというアイディアと雲という象徴が自然と出てきたのです。すでに人工的に雲を作るやり方を知っていた気象学者のスタッフにコンタクトをとり、このようにしてテクニカルディレクターのアルノー・ビュロンフォッスとわたしは、トランスソラー社の驚くべき気象エンジニアと仕事をし、雲を香らせることに成功しました。もう一つの挑戦は、この雲をインスタレーションに仕立て上げることでした。この驚くべき冒険は、総務から技術スタッフ、販促部、広報やイベント担当まで全員が一丸となる必要がありました。そして我々は成し遂げたのです！　出来上がりは美しく、わたしは感動しました。一貫性のある真の仕事を地道に誠実に続け、議論を厭《いと》わず、なぜ我々には香水が必要なのか、生活にどのような地位を占めているかについて考え続け、香水を瞑想のオブジェとして捉えることで、時代を作り上げるイニシアチブをとり、発明することができるのです。この第一回目の「ＯＳＮＩ」が教えてくれたのは、我々のあらゆるプロジェクトは香水の本質から生まれなければならないということでした。それが、わたしが「パルフュミスティック」と呼ぶところのものなのです。

人はわたしに、あなたは情熱があって幸運ねと言います。不思議なことに、わたしはそのように捉えたことはありません。使命感を感じてはいますが、情熱がある、というのではありません。情熱という言葉は甘ったるく聞こえます。わたしを日々突き動かすのは情熱ではなく、香水がコミュニケーションツールとして身近な人たちと分かち合うことがら、それから、あらゆる人に発見してもらいたいと思っているこの世界の喜びです。これをわたしは伝え続け、この喜びを常に高めたいと心から願っています。わたしの調香師としての使命は、香水を、人間にとって役に立つと思われる場所に運ぼうと試みることなのです。

⦿1 マチルド・ローランの《レズール ドゥ パルファン》コレクションの一つ。「約束された時間」（L'Heure promise）。コレクション全体については本書巻末の「香水一覧」を参照。［訳註］

⦿2 同上。「熱狂的な時間」（L'Heure fougueuse）。［訳註］

⦿3 蜂蜜酒。蜂蜜と水、酵母から造られ、「ギリシアの神々の飲み物」と呼ばれてきた。［訳註］

V

なぜ美はあらゆる形でその価値を認められるべきなのか

わたしはお茶に目がありません。若い頃、わたしはイングリッシュ・ブレックファーストとアール・グレイのアイスティーにミルクを入れて飲んでいました。大学進学準備時代はこの味に彩られていました。現在わたしは乳製品を避けており、お茶に関する好みも進化しました。親友二人がお茶のエキスパートになり、お茶文化の驚くべき多様性とそのビジョンを発見させてくれたからです。日本、中国、インド、韓国、英国……。定期的に試飲会に参加し、毎回、あたらしい世界がそこに開かれます。次第にさまざまな楽しみ方を学びました。お茶に含まれているのは、何よりもこの「楽しみ」なのです。良いお茶を飲むことはとても大事だとわたしはかねがね主張しているのですが、それは単に高価で貴重なお茶を指しているのではありません。

それは、我々に喜びをもたらすお茶のことで、この喜びには限りがありません。お茶は、体を内部から温め、リラックスさせ、瞑想的な状態に導く快感をもたらします。同時にそれは精神的かつ美的な喜びでもあります。香りという道を通して現実を忘れ、瞑想の世界へと誘う道具なのです。お茶は飲む香水です。かように多様なお茶の世界を探求することは、真にクリエイティブなアプローチであり、自分の持っている思い込みを解体してくれます。香水とは別の次元で嗅覚の衝撃を探求する行為なのです。

二〇一五年、《ランヴォル ドゥ カルティィエ》のリリースの際わたしはオリヴィエ・ダルネと出会いました。彼はサンドニ市に「ゾーン・サンシーブル」という都市菜園を立ち上げた養蜂家で、アーティストでもあります。彼はカルティィエのために幾つもの「ワックス・ディナー」を企画しました。一種のアートハプニングで、この新しい男性向け香水をジャーナリストにお披露目する際に行なわれたディナーです。あらゆる料理が蜜蠟《みつろう》のなかで調理されるだけでなく、テーブルクロスの上に直に熱い蜜蠟を垂らしてお皿がわりに使うという趣向でした。このコラボレーションのおかげでわたしは「香るホットドリンク」を開発することができました。これは幾つかのカルティエブティックでコーヒーやお茶と同じように供されることになっています。この飲む香水を所望なさった方には、その日の朝摘まれたゼラニウムの葉、バラの花びら、ラベンダーなどの新鮮なハーブをいっぱいに入れたカップをお持ちし、熱いお湯を注いで、アロマを自然な状態で嗅《か》いでもらうのです。香水でも使われている材料で、この香るドリンクは美味なだけではなく、香水がそもそも何であったかを理解する良い機会になります。香水とはそもそもはシンプルで、蒸留機から出てきたときには飲用可能なのです（毒性のある植物はもちろん除きますが）。わたしは工業的な外見から香水を引っ張り出すことが重要だと考えています。香水は、最初から現在のような高価な商品であったわけではなく、実際には家でも作ることができると実証したいのです。実際にも、「ゾーン・サンシーブル」のため、蒸留器の代わりに圧力釜を使って、自宅で香水を作る方法を教えるというワークショップを考えたことがありますし、花や果物の皮など香料の元になるものを液体に浸すという方法もあります。わたしの職業とそれほどかけ離れていない作業です。十八世紀、調香師は「蒸留を行なう者」と呼ばれていました。彼らは、原材料となる植物を蒸留してできた香る水を売っていたからです。わたしはこの方法によって参加者にシンプルに自らを香らせる方法を提供したかったのです。言ってみれば「家内制手工業的に」でしょうか。

つい最近、カルティエ インターナショナル プレジデント&CEO、シリル・ヴィニュロンの依頼を受け、わたしはブティックで顧客に供するあらゆる商品のセレクションを担当しました。ショコラ、お茶、コーヒー、その他の飲物です。数十種類の飲み物を試飲し比べましたが、これは刺激的な経験でした。調香師として実践しているメソッドと同じであり、かなり自分の仕事に近い行為だったからです。フルーツジュースについてもどのブランドを採用するか決めなければなりませんでした。リンゴ、パイナップル、トマト、洋梨などすべてのフレーバーが上質であり、かつクリエイティブな味を提供している必要があります。そして実際のところ、我々が「味」と呼んでいるものは嗅覚により得られているのですから、調香師としての知識はこのプロジェクトにおいては有益でした。シリル・ヴィニュロンは、この分野に情熱を注ぎ、鋭敏な感性の持ち主でもあるので、わたしを任命したほうがいいという直感を得たのでしょう。調香師が知っている事柄があります。例えば、美味《おい》しいオレンジジュースはかなり稀《まれ》であることを認めなければなりません。柑橘《かんきつ》類は、パスチャライズすると匂いが変わってしまうからです。熱はある種の分子に影響を及ぼすのです。ですから、香水用としての柑橘類の香りの抽出はコールドエキストラクトにより行なわれます。わたしはジャン=ポール・ゲランとカラブリア地方でベルガモットを吟味した経験から、フルーツの香りが十全に表現されている心地よい状態とはどんなものかを判断することができます。調香師と香料専門家の養成学校に共通する学科があるのは偶然ではありません。ISIPCAで出会った人たちのなかには、食品香料に携わる職業に就いた人もいます。香料開発を数年手掛けた後、お茶のエキスパートになったわたしの親友もその一人です。彼女の鑑定のおかげで「調香師のお茶」を作ることができました。これは、わたしの大好きな数種類の高品質のお茶からなる個性的なミックスで、カルティエのブティックで供されています。わたしはこのお茶を、まさに香水を作るように調合した後試飲し、また配合し直す作業を重ね、当初念頭にあった味にぴったり合致するレシピを作り出せました。しかし、お茶は、わたしの知識にある素材と比較可能ではありません。というのも、高品質のお茶はそれぞれが一種の香水であり、ニュアンスに満ちた複雑な香りを持っているからです。そして、わたしが選んだお茶はどれもはっきりとした個性を持っていたので、それぞれが他のお茶の香りを消してしまうことなく、香りを花開かせられるハーモニーを奏でる必要がありました。最終的に、チョコレートのノートと、ほのかにバーベキューの香りを漂わせている韓国のお茶の間でバランスをとることに成功しました。この韓国のお茶は、飲むたびに嬉しくなってしまう味と香りで、わたしの一番のお気に入りです。焙煎《ばいせん》した中国の凍頂烏龍茶の芳香にほうじ茶がアクセントを加え、そこにダージリン地方では稀な女性の茶葉栽培農家の元から来たダージリンが加えられています。カルティエのブティックを訪ねた人にこれらのお茶を提供できるのは真の喜びであり、自分の使命に対するモチベーションが日々高まるように感じています。それは、あらゆる道を通じ嗅覚の美を皆に開くという使命なのです。

お茶は香水同様、我々の生命的な必要に直結する喜びをもたらします。一方は飲むという行為、もう一方は息を吸うという行為に結びついています。人が日々行なうこの行為のなかにも美を取り入れるのは善きことだとわたしは信じています。効率と速度を求めるあまり忘れられがちな概念ですが、特に現代世界においてはこの美徳は不可欠だと言えるでしょう。デザインが現在再び脚光を浴びているのも、速度や効率に対する反動ではないでしょうか。オブジェを単に生産性の点から捉え続けた後で、我々は、そこに美が欠けていると気がついたのです。日常生活に関わる多くの分野において、シンプルな本物に再び戻ることを決めた人たちもいます。それは便利ではないかもしれませんが、より人間性に適《かな》っているのです。世界中のスーパーマーケットで売られている、アロマを噴霧した大量生産の紅茶を飲むこともできるし、中国やインドの高原で摘まれたお茶を吟味し、人の手によって仕上げられ、ただ一枚でも信じられないようなアロマを醸し出す茶葉に感動することもできるのです。同じように、香水でもつけようかという気持ちだけで、最初に立ち寄った店で衝動買いした香水をつけることもできるし、感動的な物語を語る香りを熟考した上で選ぶこともできます。市販されている香水でも、自家製の花の抽出液でも、外国から持ち帰ってきたエッセンシャルオイルでも構いません。そこに、素材の価値を高める錬金術の意図がある限り、浅薄な考えの実践に対抗する行為になりえます。パーソナルでオリジナル、意外なやり方で香水をつけている人に出会うと嬉しくなるのは、その行為が香水界の美学に活気を与え、多様性を付加することになるからですし、一見万能の力を持つと思われる流行に異議を挟み、人々の意図やアプローチ、ルイ・カルティエの表現を借りれば「それぞれに固有のスタイル」に立ち戻ることを可能にするからです。香水をつける人にも、香水の作り手にも、思考が形となった提案を推奨すること。わたしは、自分の作るものすべてが香水における美を謳うことを目的としています。わたしのクリエイション自体を評価してもらえなくてもいいのです。クリエイティブな提案に対し、各人が、それを認める自由も認めない自由も、否定する権利もあります。好き嫌いの問題は主観的ですから、自分の好みを主張する権利も大いにあります。しかし、ある香水の好き嫌いと、ある香水の存在意義——そのアプローチと意図——は別の問題です。そして後者は客観的に捉えられねばなりません。

カルティエの調香師として、わたしは、仕事をともにするスタッフと香りの文化を推奨するべく絶えず努めてきました。マーケティングでも、販売促進でも、法務部門担当でも同じことです。

わたしは研究者のロラン・サレスや、香水史専門家のエリザベット・ドゥ・フェイドーを招き、嗅覚や香水の歴史についての講演会を企画すると同時に、試飲会も企画しました。この文化を発展させ、普遍的な広がりをもたらすには、人生に味わいをもたらすもの、香りのあるものすべてに対し開かれた精神を持つ必要があります。香水やその材料に留まりません。例えば、お茶に関する共同作業は、これらスタッフと信じられないほど豊かな世界を分かち合う機会となりましたし、誰もが知っているはずのこの飲み物に含まれる香りは無限で、時にはこちらが予期しないものでもあることを彼らに示すことができました。例えば、動物だったり、木の葉だったり、海の香りだったり、糞の匂いだったり……。わたし自身の香りに対する好奇心には限りがありません。口にできるものはすべて味見をします。それがコーヒーであれ花であれ、またスイーツ、チーズ、オリーブオイルやワインでも同様です。それはある世界を探検する遊びのようなもので、自分の調香の実践に役立つ事柄が見つかるのです。とはいえ、わたしはまったくの初心者として試食や試飲を行なっています。友人たちは時にわたしがワインに何を感じているのかを知りたがります。しかし、調香師であるなら味覚に関して優れていると信じてはなりません。わたしはワインの世界に関する理解もなければ流儀も知りませんし、試飲の際には他のあらゆる初心者と同じ困難を覚えます。例えばある葡萄品種や土地に共通する要素に由来するものを嗅ぎ分けるとか、試飲中のワインに特有の要素を指摘することについてです。そして調香師としてのボキャブラリーとリファレンスをそこに持ち込んでしまうのです。例えば、偉大なボルドーワインには水仙の匂いを感じるのですが、そう言ったところで多くの人がわかってくれるわけではありません……。あるインタビューの際、わたしはボーヌのドメーヌ・ジョゼフ・ドロウインのヴェロニク・ボス＝ドロウアンに出会う幸運を得ました。我々は一緒に忘れ難い試飲を行ないました。わたしは彼女のワインに、彼女が今までに耳にしたことのないだろうものを感じました。確か、没薬《もつやく》の香りについて語った気がします。もちろん、彼女は没薬の匂いを感じたことはありませんでした。その逆に、彼女は香水界にはない描写様式を用いてワインに豊かで複雑なビジョンを与え、それで彼女が試飲の際にいかなる単語を駆使しているかより深く理解できました。彼女のおかげで特に樫《かし》の樽の匂いを正確に認識できるようになりました。わたしはシプレノート、つまりオークモスをベースにした香りに目がないので、樫の樽香についてはずっと関心を抱いていたのです。ヴェロニクはワインセラーに案内してくれ、我々は、同じキュヴェを年代別に試飲しました。強く印象に残る経験でした。この素晴らしいノートにはすっかり感動したのを覚えています。この匂いはシプレノートに類似し、またエヴェルニルという分子、それからバニラ、サンタルやアイリスなどの香りをも想起させました。彼女のようなエキスパート、深い文化と経験の持ち主を前にすると、わたしは常に敬意を覚えます。我々のような職業の知識を身につけるのにはどれほど長い時間がかかり困難かを知っているからです。しかし、こういった人たちが世界の香りの美を生かし、あらゆる人にあらゆる分野でこの美を理解し楽しんでもらうことことができるのです。

XI
なぜ天然香料と合成香料は対立すべきではないのか

現在我々は大きな問題に直面しています。それは、自然資源の枯渇です。今日多くの分野で代替物を見つける試みがなされています。食品業界での代用肉はその一例で、食用のための大量の屠畜《とちく》を避けることを目的としています。また、使い捨てのせいで自然を際限なく搾取しないために、アップサイクル、コンポスト、リフォームなどを行なう意義を現在我々は十分に承知しています。ですから、「一〇〇パーセント天然香料」を謳うメーカーが現われてきたことには驚いています。なぜ理解できないかというと、美学としてもエコロジーの観点からもありえないという気持ちを抱いているからです。この傾向は、天然香料のほうが上質だという、一般に広まった思い込みに基づいています。しかしその思い込みが隠蔽してしまうのは、皆が天然香料を使い始めたら、地球の資源への打撃は計り知れなくなるという事実です。わたしは、天然香料と合成香料との二項対立に囚われるのを止める時が来ていると思います。多くのブランドがまだ天然を謳い文句にしていますが、市場に出回っている大方の香水はかなりの率の合成香料を含んでいます。現在、顧客は香水の製造過程の透明性とより深い理解を要請しています。何より重要なのはそれぞれの香水が安全性を証明できることです。我々は現在、天然香料のなかには合成香料よりも危険な場合があることを知っています。それに、化学の分野でもエコロジー精神が浸透し、製造過程と製品の環境負荷を減少することが可能になり、そのおかげで合成香料は全体として汚染の比較的少ないものになりました。まだ道のりは長いとはいえ、合成香料は今日、環境に優しく、美学的にも妥協のない香水のための真の解決策をもたらしています。

情報は進化していますが、一般的には香料の問題に関してはまだ多くの混同が見られます。例えば、地産地消と同じ理由で天然香料に向かう消費者がいます。しかしそれは完全に「自家製」で、自らが栽培した植物のエッセンスを香水として使うのでなければ一貫しているとはいえません。実際のところ、天然香料のカーボンフットプリントは馬鹿にならないものです。素材は世界各地からやってくるからです。そして、エッセンスを抽出するための蒸留のようなプロセスは多大な燃料を消費します。

素材の生産者のなかには、自然を「より良い形で」利用するべく、すでに蒸留された素材に残存する香り分子を抽出する方法を開発している人たちがいます。今日、調香師はこのようにして、一回目の蒸留によって得られたエッセンシャルオイルと、揮発性溶媒により二度目の抽出がなされた花のエッセンスを組み合わせた香料を手に入れられるのです。わたしは、そのような、「コンクリート」と呼ばれるエッセンスの抽出方法で効率を上げる工業のイノベーション能力に賞賛の念を惜しみませんが、クリエイターとしては、「調理された花のエッセンスに死んだ花の抽出液を注いだもの」をありがたがるわけにはいかないのです。人が想像するのとは異なり、天然香料は素材そのものの香りとはかなりかけ離れています。バラのエッセンスは、庭に咲くバラの匂いと同じではありません。新鮮な花の香りの美しさやポエジーはまったく持ち合わせていないのです。蒸留器の沸騰したお湯のなかで何時間も煮られた後では、花びらの匂いは大いに変容しています。熱により、化学反応が起こり、新しい分子が現われ、なかには蒸発して消えてしまう分子もあるからです。圧力釜のなかにインゲンを入れて火にかけたままにした経験がある人なら、長時間の調理は風味や香りを損ねてしまうことを知っているでしょう。イギリス料理は、材料をなんでもくたくたになるまで茹でてしまうとフランス人はよくからかいますが、我々自身がそれを花に対して行なっているのです……。

バラの香りがする香水を作る際、バラのエッセンスは必ずしも絶対不可欠ではありません。もちろん、バラのエッセンスを土台にして香りを響かせることはできます。しかし、バラの香りに正確さを与えてくれるのは合成香料です。わたしの心を揺さぶる香水は、例えば、エスティローダーの《プレジャーズ》のように、生の情動を与えることに成功した香水です。わたしは、調香師になったばかりの頃、ゲランで《パンプルリューヌ》と《ハーバ フレスカ》を調香したときからずっと、香水のなかに生命を吹き込もうと試みてきました。創造者気取りと思われるかもしれませんが、それこそがこの上ない刺激を与えてくれるのです。香水の分子は、一つずつ独立して使用した際には、調香師に「小さな外科手術」を可能にしてくれます。自然が与えてくれるものを捕捉し、表現したいと念じた花をミリメートル単位で彫り上げ、最終的には本物の花が生き始めるようなものです。ジェペットのピノッキオのように。合成香料のおかげで調香師は完璧なコントロールが可能になります。合成香料は自然を模倣するだけに留まりません。香りの分子はそれ自体が独立した材料で、例えばわたしにとって、ガラクソリドは、グラースのバラのアブソリュートと同価値を持ちます。わたしはそのどちらも香水の原料として使用しています。その二つの間に優劣の差はありません。ガラクソリドだけが、わたしの配合に、個人的にはドラジビュスメーカーのキャンディーを思わせる、ムスクにも似た匂いを与えてくれます。グラースのバラの匂いがするのはグラースのバラのアブソリュートだけです。どちらも、匂いのパレットに存在する意味が大いにあるものです。美学的な観点からではなく、合成香料は、エコロジカルな点からも無視できない意義があります。合成香料は、自然をかなりリアルに描き出すことを可能にしますが、それでいて、自然資源を枯渇させずにすむのです。多くの香水に長いあいだ含まれていましたが、現在ではそのほとんどが禁止されている動物由来の原料がそれにあたります。合成香料は、動物を殺すことも利用する必要もなく、この、あたたかで官能的なノートを使い続けるための解決策をもたらすのです。

天然香料だからと言ってむやみにありがたがる意味はありません。わたしにとって、「自然」だと思える唯一の事柄は、原料となる素材です。例えば、花そのもの、木材、木の根、松の葉など。これらの素材を加工した瞬間、それが蒸留でなく水によるだけでも、化学の領域に入ります。バラの蒸留液はバラではありません。マグリットでもそれに反論しないでしょう！　プロセスに応じて、同じ花から、分子の構成もさまざまに異なる製品を作り上げることができます。例えば、蒸留によって得られたエッセンスと、ヘキサン抽出に由来するアブソリュートなどです。その場合、どちらがバラの核になる香りと言えるのでしょうか？　そのどちらもバラの魂ではないと断言できますが、「エッセンス」と「アブソリュート」という言葉自体が、歴史を通じて花の本質を捉えようという試みが続いてきたことを示しています。正しくは、常に「抽出」という言葉を使うべきなのです。というのも、それがこのプロセスの正確な描写だからです。それは、ある特有の方法により植物から取り除かれた分子の構成体です。例えば、足元に咲く花の匂いを、突然、魔法のように、大量に作り出すテクノロジーを発見したとしたらどうでしょう。蒸留方法が発明されてから香水の世界でこの方法がずっと使われているからといって、それがどの時代でも最良の方法とはいえないのです。それに、既存の技術が、他にはありえないほど自然の本質を捉えられているわけでもありませんし。生命の匂いを香水瓶に閉じ込めるために、わたしは頻繁に「ヘッドスペース」という技術を用います。これは、素材やある場所の匂い分子を「捉えて」分析することを可能にする方法です。しかしより最適な方法が今後出てくるかもしれません。

こういったことについて思考を深めるうち、わたしは二〇二〇年に《レ ゼピュール ドゥ パルファン》〔純粋〕コレクションを立ち上げるに至りました。大プリニウスの『博物誌』にある絵画の誕生の神話、陶工のブータデスの娘が、異国に旅立つ恋人の姿を思い出にとっておくために、壁に映った影を粘土で縁取ったという物語から想を得ました。わたしは香水もまた、不在の穴を埋めるために生まれたのではないかと想像しました。つまり自然の不在、です。自然の匂いの虜《とりこ》になった人間は、それが鼻先にない時にも再び匂いを嗅《か》ぐことができる方法を求めたのではないでしょうか。そして、その美を手に入れたいと望んだのでしょう。貴石の美しさを我がものにするためにジュエリーを生み出したように。香水もジュエリーも、自然が我々にもたらす感動とその素晴らしさを手元に留め、自然の力を身につけたいという人間の欲求から来ていると思われます。香水も宝石も、それを身につけるものにオーラを与え、輝かせ、力をもたらしてくれます。だからこそ、香水も宝石も長いあいだ権力者の特権だったのでしょう。しかし現在では、香水が自然と結びつけられることはなく、その起源さえ忘れられてしまうに至りました。わたしは、この起源をよみがらせたいと願ったのです。そうすれば、香水は我々が自分たちを取り巻く環境と再びつながることができるのであり、それが、現代の香水が担うべき本質的な役割だと信じるからです。しかしそのために自然の資源を枯渇させてしまう選択は考えられませんでした。わたしは、自然を再現するのに自然破壊を行なう必要はないと示したかったのです。それは、まさに合成香料によって可能なのです。《ピュール キンカン》《ピュール マニョリア》《ピュール ミュゲ》《ピュール ローズ》

は現実以上に現実的な調合で、ほとんど天然香料を使わずに自然を感じる喜びを与えます。この香水のコレクションにおいては、本当に不可欠な場合にしか天然香料は使いませんでした。そのことにより、我々が自然を愛し、その美を示したいときに、天然資源を使わなくてもいい、それどころかその反対だということを証明したかったのです。

X なぜ共同作業は我々の精神と能力を高めうるのか

多くの人たちは、二項対立的なイメージをマーケティングについて抱いています。まるで、一方にはよきクリエイションがあり、もう一方には悪者のマーケティングがあるというような……。これは間違ったビジョンで、マーケティングにも真実や透明性が伴いえますし、この市場に自分の香水が存在するためにはマーケティングはなくては欠かせないと断言します。この職業において、同じポストに長い間就いている人はほとんどいません。ですから、ゲランとカルティエでの総計二十五年間になる調香師人生において、わたしはマーケティング部門の人と数多く出会いました。そのプロフィールもまたさまざまでした。香水がそれほど好きではないが香水部門でずっと働いている人もいれば、香水界で働いた経験は浅いが情熱を持って取り組んでいる人もいました。香水には詳しくないがラグジュアリー業界にいた人もいれば、ラグジュアリーの世界はまったく知らず、香水業界から来たという人もいました。どういった経歴かはわたしの目から見れば重要ではなく、大事なのは、そこで働きたい気持ちがあるかどうかです。「売上」を叩き出すとか、自分のキャリアを築き上げたいという人たちではもちろんなく、カルティエのようなメゾンのために何かを一緒に作りたいという欲求を持っている人たちです。美や様式を作りたいと思っている人、つまり、意味のあることをしたいと望んでいる人です。わたしに言わせると、良きマーケティングを体現しているそう言った人たちは、仕事上の理想的な相棒になってくれます。我々は手に手をとって同じ目的に向かって進んでいるのであり、お互いに助け合い、良い時も困難な時も同じ経験を分かち合うのです。乗り越えるべきことを乗り越え、回り道をする必要があるときにはし、それが時には少しばかり危険な道だったとしても、必要な時には声を揃えて決定に及ぶのです。カルティエのようなメゾンにおいては、ひとつの香水を作り上げることは一つの旅です。もっと言うならば、それは冒険なのです。

二〇一一年、わたしはその頃マーケティングディレクターをしていたレア・ヴィニャル・ケネディとともに《ラ パンテール》の製作に取りかかりました。カルティエは、ジュエリーのパンテールコレクションを発表してから二〇一四年で百周年を迎えるということで、その準備を始めていました。そして香水のリリースはその翌年、二〇一五年に予定されていました。時間があったのです。しかしある日、この香水は百周年の際にリリースされることが決定してしまいました。余裕があると思っていたところに、突然ペースを上げなければならなくなってしまったのです。そして、実現過程においても乗り越えるべき課題が多くありました。例えば、この香水瓶は、そのフォルムにおいて我々の心を一目で摑んだのですが、誰もこれをどのように工業的なレベルで製作したらいいかわからなかったのです。これは、レアが鉄の意志を持って七つの特許を取得した後に、やっと可能になりました。ある香水が存在するためには、調香師だけでは十分ではありません。知性と創造性を伴ってこのようなチャレンジに取り組める人たちが必要であり、また、企画の進行状況や予算などを制作過程を通じて管理できる人間が要ります。ですから、調香師がマーケティング部門と対立関係にあると考えるのは間違っています。企画が順調に進んでいる時に起こっていることはそのまったく逆なのです。我々はスタッフ一丸となって働いています。わたしはパルフュミスティックな次元、つまり香水そのものに関わるすべての次元を担い、マーケティングはメゾンの戦略を担当します。そして我々は、お互いに敬意を持って企画を進めます。良きマーケティングは、わたしと価値判断を共有し、カルティエの香水が体現すべきビジョンを分かち合うパートナーなのです。そして我々はともに進みます。クリエイションとマーケティングは対話可能な関係を結ぶ必要があり、お互いが、説明し合い、相手を説得し、少なくとも説得しようとする気持ちを持っていなければなりません。もちろん、いつでも理想的にことが運ぶわけではありませんが、最善の状況を常に目指す必要があります。大きなハイブランドのマーケティングには何の権力もない、という発言を耳にしたことがありますが、それは馬鹿げた言い草です。マーケティングと権力はそもそも何の関係もないからです。美しい事柄を成し遂げ、成功した結果として権力が手に入ることはありますが、権力を力づくで手に入れようと思うのは誤りです。良きマーケティングは権力を求めません。マーケティングもまた、クリエイションと美を求めているのです。

カルティエでは、スタッフの人数が多くないので、新しい香水のクリエイションに際しては誰もがその一端を担います。香水のリリースは常に共同での考察の結果であって、ある目的に応えています。それは、カルティエとその歴史、スタイルを体現する香水を作ることです。現代社会とその関心を考慮した香水、そして芸術史の文脈に自らを刻むことのできる香水です。これが、マーケティングが、企画当初から抱くべき本質的な点です。これまでの数えきれないやり取りのおかげで、わたしはこの条件に応えるインスピレーションを正確に定義することができるようになっていますし、イメージが確立すればすぐに、原料の選択から香水の名前までが自然と浮かんでくるものです。わたしはこれらスタッフとの関係を心から尊重しているのですが、それは、自分自身がカルティエに関する知識を通じて行なう考察を、彼らが別のアングルから深め豊かにしてくれるからです。スタッフはわたしに情報とデータを供給し、質問に答え、さまざまなアイディアや仮説についてのこの上ない対話相手となりえます。彼らは常にアンテナを張っていて、大変に貴重なサポートをしてくれます。彼らのおかげで、わたしの仕事に意味が与えられるのです。調香の作業に取り掛かる上で彼らの担う役割は大変に重要です。《ラ パンテール》の調香の際、シプレノートとアニマルノートのムスクを使用することは明白に思われました。シプレノートは、わたしにとって最も現代的な、自ら選び取った女性性を体現しているからです。

ムスクを選んだのは、この香りがテオプラストスが書くところの、芳香を放つ豹《ひょう》という香水にとって究極の神話を喚起させるからです。この豹は、自らの香りで獲物を虜にし捕らえるのです。

このように明確なビジョンを描き出せたのは、我々が、経営部門とマーケティング部門と共同で行なった膨大な作業があったからこそです。特に、香水、アート オブ リビング クリエイション、ヘリテージ、ジュエリークリエイションという、カルティエの諸部門のディレクターを集めてのブレインストーミングは欠かせませんでした。わたしたちはここで一丸となって、カルティエにとって象徴的なこの動物が何を表わしているのかについて考察し、それをどう表象するべきかについて模索しました。そして、現代的でフェミニンな豹というビジョンに落ち着きました。つまり、誰かから与えられた女性性でも、アマゾネスでもなく、神性を持ち、人を保護する女性性です。それらがすべてしっかりと定義され、インスピレーション地図が完璧に測量されたところで、香りの点で進むべき道がわたしにとっては明白になったのです。ここで語るべき事柄を一貫性をもって包含しうるのはただ一つの香水しかありませんでした。わたしが、一つのプロジェクトのために複数のパラレルなプロセスで仕事を進めることが決してないのはそういうわけなのです。進むべき道は一つしかなく、それがあるべき道になります。それが正しい道になるよう、十全な形で実現できるよう最善を尽くすからです。

香水ができると、マーケティングは今一度重要な役割を担います。商品を販売する役目です。これもまた、調香師一人ではできないことです。このメゾンで出会ったマーケティング部門の責任者はみなわたしのクリエイションをこれ以上望み得ないほど発展させることを可能にしてくれました。一人目のディレクター、メリナ・マルサレは、わたしが二〇〇五年にカルティエに入社したときにこのポストに就いていました。教養に富み、何よりあらゆることに好奇心を持っている女性でした。あるアイディアを投げかけるとそれが新たなアイディアを生み、そのやりとりによりお互いが絶えず刺激され、アイディアを遠くまで伸ばせることを彼女とともに学びました。わたしたちは一緒に、カルティエによるオリジナルのフレグランスを構想し、《レ ズール ドゥ パルファン》コレクションや《ロードスター》を生み出し、マーケティング部門との共同作業の基盤を築き上げました。お互いにとってポジティブな関係で、そのなかでは、仕事を喜びにすることが可能なだけでなくふさわしいと確信できたのです。わたしはまた、自らが信じるプロジェクトを実現させる可能性に恵まれました。例えば、《ラ トレージエム ウール》〔十三番目の時間〕という香水を彼女に提案したときに、やりましょう！　と言ってすぐに実現に持ち込んでくれたのです。

彼女の後任者はレア・ヴィニャル・ケネディで、彼女は大胆さと何者にも負けないエスプリで《ラ パンテール》のリリースを充実させただけではなく、最初の「ＯＳＮＩ」（特定されない物の香り）を実現に導いてくれました。その後アルノー・マルタンがこのポストに就き、ダイヤモンドの輝きを香水に表現するクリエイション《カルティエ キャラ》のための共同作業を行ないました。ごく最近の例は、エレクトラ・モローとの《リヴィエール ドゥ カルティエ》コレクションです。

彼らとの共同作業を通じ、わたしは、マーケティングの仕事は、それが最もスムーズに行なわれた際には、香水を裏切るどころか、それを発展させ高めることを実感しました。カルティエでは、クリエイションそのものとは関係ない戦略から少しばかり距離を取ることが許されているどころか、奨励されています。それは「崇高な無意識」が自分のパートナーであるかのように振る舞うことが可能であるということで、これはわたしにとって願ってもない幸運なのです。

IV なぜ高級香水は様式の問題なのか

二〇〇五年、カルティエに入社したとき、わたしはすぐに後に《レ ズール ドゥ パルファン》コレクションを構成する香水を調香し始めました。我々はその当初より「オートパルフュムリー」[1]という用語を採用しました。これはわたしにとって何よりクリエイションの自由を意味していました。芸術愛好家は、資産のあるなしにかかわらず、純粋で型に嵌《は》まらない、アーティストの意思に直結する思考を求めています。そしてそれこそがわたしが提案したかったことなのです。それはオリジナルなビジョン、「調香師の素材」のようなものでした。

二〇〇九年に《レ ズール ドゥ パルファン》コレクションをリリースした頃「オートパルフュムリー」

という表現はまだ稀《まれ》でしたが、その後この業界では一般用語になりました。しかしあまりにも多様なアプローチに対して使われるので、その定義は曖昧模糊とし続けており、常套句に陥ってしまいがちです。例えば、「高価な香水」は「類《たぐい》まれな香水」の同義語になってしまいがちです。まるで値段が品質を保証するかのようですが、今日では、香水そのもの以外のさまざまな要素が小売価格に影響を与えます。香水瓶、香水の蓋（時にとんでもない値段に跳ね上がることがあります）、プロモーション活動、時には販売スタッフの給料もそこに入ります。ですから、香水の価格は香水そのものの価格とは何も関係ありません。それから、「オート パルフュムリー」の名を正当化するためによく材料が引き合いに出されます。

しかし、素材が高価であるからといってそれが実際に何かを意味するわけではありません。料理人が自分の料理に使う素材だけから値段を設定することはないでしょう。三つ星レストランでレタスを賞味することだってあるのです。よく例に出すのですが、シェフのアラン・パッサールが使っている野菜を渡されても、わたしが作るものはどんなに頑張ったところで彼の料理の足元にも及ばないでしょう。同じ材料であるにもかかわらず、です。「オート パルフュムリー」は、クリエイションの高貴さが値段に比例するとか、希少な原料の使用量に比例するなどの考えを流通させてはなりません。そうなればおのずと天然香料が重要視されてしまうのですからなおさらです。ピカソが使った絵具は天然で、ロスコは人工顔料だから、前者が後者よりも高価でなければならないと誰が想像するでしょうか。みなが馬鹿馬鹿しいと思うでしょう。香水の業界で一般に流通しているある種の実践や論理を他の芸術部門に移して考えてみると、それがおかしいことがわかります。

芸術制作の質が材料や道具に反映するのだとしたら、古楽器で演奏された音楽にはより高額を払うべきだということになるのでしょうか。画家が自分で絵の具を混ぜたり、「より美しい」作品を制作するのに、ある色を購入しようと一生涯貯金をするなどと考えられるでしょうか。「この絵には青が使われているから素晴らしい」とか「この緑には、ザンビアから来た天然素材が使われているから美しい」などという信じ難い発言を美術館のガイドから聞いたことがあるでしょうか。

わたしは、カルティエ入社時から、このメゾンの香水のためには、純粋に天然香料のみを評価する言説はふさわしくないと考えました。また、素材がグラースから来ているとか、調香師自身がバラを摘みに行っていると言い立てることについても同様です。もちろんわたしは定期的にグラースに赴きますし、それぞれの土地に存在する技術を大いに尊重しています。もちろんわたしは天然香料を愛していますし、それを自分の香水に使うこともありますし、美しいとも思います。しかし、同時に、ヘルヴェトライド、イソEスーパー、シス-3-ヘキセナールなどにも同様の価値を見出しているのです。我々の義務は、むしろこう言った事柄を語ることにあるとわたしは考えます。真実を、現代性を、我々が日常実践している芸術をそのままに。メゾンに所属する調香師を抱えているブランドのほうが、調香会社に調香を依頼するブランドよりも、こういったテーマについて語りやすいと思います。というのも、調香会社は元々は素材を調達する会社だからです。まず原料ありきという言説がいかにして香水界で地位を占めるに至ったかを想像するのは容易です。そういった物言いは香水を調香する仕入会社から来ているのです。

そしてこの言説は、調香会社に香水を依頼し、それを売るマーケティングスタッフに伝えられます。しかしそれでは、調香師という職業を認める場所はほとんど与えられません。調香師の、クリエイターとしての技術にしても同じです。美しい香水は単に「美しい素材」が入っている高価な香水だという考えを広めてしまえば、我々は、最終的に調香師とは高価な素材を混ぜる職業でしかない、というビジョンに加担してしまうことになります。熟練した技こそ持ってはいるが、あるビジョンのもとに素材を崇高なものへと変容させ、香水という芸術の歴史に貢献できる人間だとはみなされないのです。この香水はグラースのバラを使っています、とか、四人の調香師が共同で調香をしたとか、人工知能がクリエイティブな香水を作るのに参加したとかいう記事を読むと、精神的な作品としての香水の認識が強く主張されるべきだと思わずにはいられません。クリエイティブな思考、ビジョン、美学的な探求について語るべきなのです。それは、ミュグレーの《エンジェル》を盗用した商品に対して訴訟を行なった時に、弁護士のジャン＝ジャック・ルペンが行なった擁護文に表われています。六年間続いた訴訟の後、裁判所は一九九九年に香水を精神的な作品として認めるという最初の一歩を踏み出したのです。

天然素材が高貴でその結果として好ましいと言い続けることによって、我々は、あらゆる天然香料が調香師の気にいるわけではないことを忘れてしまいます。例えば、わたしには使いづらいジャスミンのアブソリュートがあります。重すぎたり、「火を入れすぎ」で、自然からとてもかけ離れている種の香りです。その点では、例えばシャネルが、自分たちが使用している天然香料は分子蒸留で精製されているると説明しているのは大変興味深いことに思われます。ある種の分子をエッセシャルオイルに留め、他は排除するというプロセスですが、ここからは、素材が天然だからといって必ずしもそのままクリエイションに使用するのにふさわしいわけではないという考えを導くことができます。そして、あるメゾンが、時として自らの美学やスタイルに合わせ素材を加工する必要があることも。これは大変に重要なことです。この点において、シャネルとカルティエは、香水を比類のないものにするという点で近いと思われます。どちらも、それぞれのスタイルを作り上げ、それを重んじています。オートパルフュムリーが語らなければならないのはそのようなことなのです。様式、クリエイションの自由、そして未来に対するビジョンです。

様式とはなんでしょうか。カルティエのようなメゾンの様式は、明白であるとともに、容易に理解することはできません。顧客がジュエリーを購入するために店のドアを開けるとき、そこには理由があります。しかし、その理由を説明するのは難しいのです。様式とは我々にとってはとりわけ重要な概念です。創業者の孫であるルイ・カルティエは、十九世紀末に、あるメゾンには「固有の様式」と彼が呼ぶものがなくてはならないとしました。つまり、当時の狭い宝石業界のなかで、カルティエを他のメゾンと区別するものです。その頃、あらゆる人たちが似通った貴石を使い、変わり映えのしないスタイルで同じようなジュエリーを作っていました。

今日、カルティエ イメージ スタイル&ヘリテージ部門のディレクター、ピエール・レネロはこの様式に関わる仕事に携わっています。それは、メゾンの歴史を辿り直し、理論化し、本質を掴《つか》むことですが、同時にまた、スタイルを発展、展開させ、刷新していくことでもあります。わたしがカルティエに入ったとき、この様式を理解しなければならず、この問題が常に頭を占めていました。わたしは同時に、「オート パルフュムリー」という概念を発展させました。スタイルとこの概念が関連していることは明白でした。わたしはカルティエのスタイルとなる香りの表現を作り上げたかったのです。そこに辿り着くまでには、幾つものクリエイションが必要でした。使命は重く世界は広大で、クリエイションはただ一人のクリエイターによって自由に行なわれることが必須でした。さもなくば様式の統一性はありえないからです。この理念を突き詰めることで、我々は、カルティエの《レズール ドゥ パルファン》コレクションを生み出すことができたのです。最初の五本がリリースされた時から、このコレクションは、オート パルフュムリーに対して自分が抱いているビジョンが形になったものだと説明することができました。このコレクションは、外部からの影響に惑わされず、カルティエにおいてカルティエのために作ったのです。そしてこれは、香水の歴史へのオマージュでもあります。香水史における重要なテーマについて考察し、歴史的な調合を現代化する試みでもあるからです。こういった意図が欠かせないと思われるのは、オート パルフュムリーのコレクションは、一貫性を持ち、香水界のあらゆる分野を見直し現在と未来に対する道を示す必要があるからです。オートクチュールが、モードの世界を刷新し、社会や布、服装に対する将来について思考しているのと同様です。

イノベーションはカルティエの様式を構成しています。一八九五年、ルイ・カルティエは、ヴァンドーム広場に店を構えていた宝石商のなかで初めてプラチナを採用しました。この時代、他の宝石商はみな金や銀を使っていたのにもかかわらず、です。彼は、伝統的なレアメタルだと時計の縁に厚みが出過ぎて貴石の輝きを減じてしまうと考えていました。彼が大胆だったのは、レアメタルではありながら通常使用されていなかった素材を用い、それによって軽みと輝きを出したことです。この新しいアイディアにより、彼は「ガーランド」という様式を発展させ、メゾンの成功に大いに貢献しました。ルイ・カルティエのもたらしたもう一つの決定的なイノベーションは、メゾンに宝石クリエイション部門を創設したことです。それまでは外部の工房が担っていた過程でした。クリエイション部門の統括は当時大変稀なことでしたが、ルイ・カルティエは、これは彼が重きを置いていた「固有の様式」を達成するためには不可欠だと理解していたのです。それから一世紀後、同じ意志により、カルティエの香水部門を調香会社というアウトソーシング部門に任せるのではなくメゾン付きの調香師に託すという決定がなされました。カルティエの香水部門と宝石部門には一貫したアプローチとビジョンがあり、そのためにはいささかの妥協も許されません。それは、美があるところに美を示すというものです。この理念は二つの部門のあいだに多くの橋をかけ、とりわけ、香水は「目に見えないジュエリー」であるという概念を発展させることを可能にしました。これこそが、カルティエスタイルを香りで翻訳するというわたしの意思を結晶化するものなのです。

カルティエに入社してから間もなく、わたしは、このメゾンは自らを刷新し大胆さをいつでも失わなかったからこそ今日まで続いてきたのだと理解し、自分にとっても大事な理念に至りました。それは、真のラグジュアリーは、ファンタジーや生意気さ、さらにはユーモアに彩《いろど》られるべきだ、というものです。突き詰めて言えば、それは、自由、なのです。当時のマーケティング部門の責任者と一緒に、《レズール ドゥ パルファン》、すなわちさまざまな時間という名称を考えだしたときに、わたしはすぐに、このコレクションは十三種類にしたい、そして、香水のリリースはアットランダムかつアシメトリカルにしたいと提案し、責任者も全面的に賛同してくれました。我々は二人とも、カルティエの大きな顧客であったジャン・コクトー、マルセル・デュシャンやダダイストの影響下にあるビジョンを分かち合っていました。陽気で、新しいことを常に探求し、実験的で、一見馬鹿げたことにも開かれた精神を忘れないクリエイションというものです。もしもまず一番目の時間をリリースし、二年目には第二の時間、そうして十二年目まで順繰りにリリースしなければならなかったとしたら、退屈で死にそうになっていたことでしょう。だからこそわたしは、本書も同様に、クリエイティブで、同時に秩序や既存の規範から外れたところで軽やかにさまざまなテーマを扱えるようにしたかったのです。ファンタジーのないクリエイションなど、終わりの始まりではありませんか……。クリエイティブな思考に乏しいところにはファンタジーも存在しません。ラグジュアリーの世界には一種の威厳を保とうとする態度がありますが、それは生気に欠け、真面目でいなければ敬意を払われるに値しないとでも言いたげです。こういった既存のイメージにはわたしは真っ向から反駁《はんばく》したいのです。クリエイションは、遊戯、笑い、反抑圧を通して行なわれるものであり、わたしはクリエイティブな喜びを顧客のもとにもたらしたいのですから。そういった喜びをもまた提供してはいけないという法があるでしょうか。

最近、わたしは、バラをめぐって三つの香水を調香しようと試みました。そのうち一つは

《レ ズール ドゥ パルファン》コレクションの一環で、この三つを、わたしは、《I Only Love Wild Roses》〔私が愛するのは野性味のあるバラだけ〕コレクションと名づけました。この象徴的な花の香水を今までに作ったことがないと指摘されることが多かったのですが、わたしの夢はバラを逆さ吊りにすることだったのです！《ルール オゼ》〔大胆な時間〕では腐植土のノートのおかげで、文字通り花びらが土に埋まっているような香りを作り出すことができました。わたしは、新鮮な花束が、怒りに任せて道路に叩きつけられたときの匂いを想像しました。そしてマラバールやリグレーが製造するチューインガムのような香りを思い浮かべ、高貴とされている要素と大衆文化を組み合わせも可能だと示したかったのです。わたしは、伝統的な、天然素材としてのバラの表象に揺さぶりをかけたかった。権威的なアートを作り出すことにはまったく興味がありません。香水界においては多くのアプローチが似通ってしまう傾向がありますが、わたしはこの業界で他には見られないクリエイションを可能にしているメゾンで働く幸運に恵まれています。それは「ジュストアンクル」〔一本の釘〕という名のブレスレットにおいても言えることで、常に大胆さが求められ、重要視されているのです。この「パンク」な薔薇《ばら》——これがコードネームだったのですが——は、カルティエ インターナショナル プレジデント＆CEO、シリル・ヴィニュロンの目に止まり、クリエイション部門の全工房に一貫したテーマのもとで初のコラボレーションを立ち上げるきっかけとなりました。「パンク」は特に信じられないようなジュエリーコレクションを生みました。自分が働いているメゾンで同じ理念を共有していると絶えず感じ、遊び心に満ちたフィーリングを開花させられるのは真の喜びです。

個人であれブランドであれ、オリジナルでパーソナルなアイディアだけが、他にはない、力強い何かを体現することを可能にしてくれます。この、未知のアイディアを生み出す能力は、今まで以上に本物のラグジュアリーの証になると考えます。市場に横並びの商品が出回る一方の現代社会において、ラグジュアリーは、我々を驚かせるものと定義されるべきではないでしょうか。思いがけない事柄との出会いへの期待を満たすもの。本当の贅沢とは、一見予期しないこと、でも知ってしまえば今まで知らなかったのが不思議に思える、希望をもたらすものを発見する喜びに尽きるのではないでしょうか。星付きのレストランでディナーをしようと思うのは、他でも手に入る野菜が、予想外の新たな方法で高められている料理を味わうことで新境地に辿り着きたいと思うからではないでしょうか。オートパルフュムリーの顧客が求めているのも、わたしが提供し続けようと思っているのも、同じことなのです。

⦿1　オートクチュールと同じく、ハイレベルで職人技を要する香水というニュアンスがある。［訳註］

II　なぜわたしは「パルフュミスティック」なビジョンを擁護するのか

わたしが辿ってきた道のりはある意味、香水を香水から救うための戦いに似ています。自分の信条に従いこの職業を続けるために、わたしは手垢のついたイメージや固定観念、既成概念と戦う必要があり、香水に対する真の無理解に直面することもあります。この闘争に身を投じるのは、現在香水がその発展において転換期に来ていると信じるからです。最初は神聖な役割を担い、次に人を癒す意義を果たした香水は、歴史家のアニック・ル・ゲレールが指摘しているように、現在となっては単に人を楽しませる機能しか持たず、過去を意識し振り返る視点を欠いているようです。香水が芸術的、知的かつ精神的な次元に立つ時が来つつあるとわたしは思います。我々は深い考察なしに香水とただ戯れ、媚薬としてのイメージにかこつけてヌードの女性と筋肉質の男性をありとあらゆる広告に貼り付けてきましたが、現在我々は、これまで忘れられていた次元との関係を取り戻しつつあります。来たるべき時代、香水は聖性と癒《いや》しとしての段階を超え、総合的なビジョンの元に身体と精神を統合することになるでしょう。それは、宗教を超えた精神性なのです。多くの人が今日香水の力を身体的、精神的分野で発見しつつあり、現代アートにおいては、かつては片手で数えるほどしかなかった香りの作品が爆発的に増えています。この第五の感覚を多くのアーティストたちが活用する時代の初頭を迎えているのも納得できることです。

今日香水の業界が行なわなければならない戦いは、この時代の変化を推奨し後押しすることです。我々は、工業のしたい放題にさせておくとどうなるかを痛いほど見てきました。多くのガジェットが生産されたものの、そこに存在意義はありませんでした。生産性とエネルギーの追い風を受け、この産業は「楽しい」香水を大量生産したので、今日では、フレグランスはあらゆるところに存在します。ホテルの部屋、駐車場、店舗、機内……。一九八〇年代、エレベーターのなかでBGMを流すのが流行りましたが、長続きしませんでした。音楽をかけたからといって人が忍耐強くなるとは限らないと理解したからです。音楽の価値はそんなところにはありません。音楽がエレベーターでのBGM以上であるとするなら、香水にしても同じではないでしょうか。香水を日常生活のあらゆる場所に無意識にばらまくのは問題です。駐車場など、臭気を隠すためである場合にはなおさらです。わたしは、現代社会が臭い匂いにすべて蓋《ふた》をしようとするのは象徴的だと考えています。ゴミや汚染をなかったことにしたいのです。こういった問題を隠す手段があるせいで、問題の解決をせず放置し続けるのではないでしょうか。汚染を隠すよりも、汚さないように努めるほうがずっといいに違いないのです。香水は屏風《びょうぶ》の役割を果たしてはなりません。聖性があってはならないところに聖性の匂いを与えるために香水を使うとき、それは、「汚染を放置する」役割を果たす香りに成り下がってしまうのです。地下鉄で、小便の匂いの上に香水を振りかけるよりは、地下鉄が単に清潔であるほうがいいに決まっているのです。匂いは我々の生存に関わっていることを忘れてはなりません。どの時代でも、匂いは我々に好ましいのか危険なのかを嗅《か》ぎ分けるのに役立ってきました。しかし今日、嗅覚は我々に警告を発する器官であり続けるにもかかわらず、有害なものが良い香りを放つリスクがあるのです。香りの遍在は公衆衛生問題になりかねません。嗅覚に与えられる情報が攪乱《かくらん》されるからです。現実に存在する、普遍的で具体的な匂いをベースにして子供たちに嗅覚教育を行なうことは有意義でしょう。わたしは、ベルガモットやラベンダーの匂いを知っているからこそ、この果実にも花にも自然に存在する匂い分子である酢酸リナリルの香りを認め、調香の際にもこの分子を単体として自由に使用することができるのです。何もかもが一緒くたになり、ラベンダーの代わりにデオドラントの酢酸リナリルを嗅いで育ったとしたら、理解やカテゴリー分けを助ける手がかりは何もなくなってしまい、そうなれば学習する術も失われてしまいます。花の代用品がそこにあるだけで、実際にその花がどんな香りをするのかも知らないのです。

わたしは、どこにでも香りを振りまきたがる論理を理解しないでもありません。いい香りなんだから構わないでしょう？　というわけです。問題は、やがて世界のあるがままの匂いを知覚できなくなってしまうことです。色つきのレンズが嵌《は》まったメガネをかけさせられ、これで素晴らしい体験ができますよと確約されるとして、一旦かけたそのメガネを外すことができないと想像してみてください。世界から切り離され、直接関係を持つことができなくなってしまう危険性があります。ルームフレグランスを絶えず置いておくことで、本当の生の匂いを感じられなくなるのです。各部屋に異なったルームフレグランスが置かれている家に行ったことがありますが、彼らは常に人工的な香りとともに暮らしているのです。知らないうちに、家具の木やソファーの皮の匂い、床のワックスや植木の匂いを感じる喜びを手放してしまう人もいるでしょう。こういった人たちは、家の実際の匂いが良くなかった場合、自分たち自身のイメージも好ましくなくなってしまうのではと恐れているのです。数年前、ジャーナリストのマリアンヌ・メレスのインタビューを受けたことがあります。『マリー・クレール』誌に掲載されたものですが、記事のタイトルは「わたしは臭いを恐れない」でした。この記事を通じ、わたしは、今日「普通の」清潔さを保っている人は誰でも、自分が臭うかもしれないと案ずる必要はないと説明することができました。残念なことに、こういった不安を抱く人がいて、彼らは香水をその不安から逃れるため不可欠な商品とみなしているのです。つまり、消臭剤として使用しているわけです。自分が臭いのではと恐れることは、我々の香水の捉え方に多くの混乱を生みます。この不安のせいで、強い香り、持続性のある香りが香水の品質の保証だと混同する傾向が生じているのです。

強い香り、香りの持続性はどちらも消臭剤の世界に直接由来します。この、謂《いわ》れのない恐れを取り除くことで、我々は香水をこのような誤った義務から自由にし、使いたい時に使いたい人だけが香水を使うという喜びをものにすることができるのです。香水が我々にもたらす、ただ純粋な喜びを。

わたしはいつでも、自分たちの感覚が持つ意味に立ち戻るべきだと思っています。感覚をどう使い、実践に移すか、なぜそれを行なうのかを問い直し、最終的に、選択肢を残すこと。パリのホテルクレヨンでは、さまざまなルームフレグランスが部屋に置かれ、滞在客が自由に使えるようにしてありました。お客さんの意見を聞かずに勝手に部屋に香水を振りまくより、こういったサービスのほうがより繊細に思われます。我慢がならないのは香水そのものではなく、常に感覚に刺激が与えられ、それを避けることができないという状態だからです。わたしは感覚過敏なので、聴覚にしても、視覚、または嗅覚にしても、刺激が少ない状態に置かれることをきわめて重視しています。わたしは薄闇を求めることがしばしばあります。視覚的な刺激、雑音や匂いのない状態が欠かせないのです。このニュートラルな時間があるからこそ、刺激があるときにそれを心地よいと感じられるようになります。エドモン・ルドニスカは、調香師は、仕事以外では匂いと距離を取る必要があるとみなしていました。鼻をニュートラルな状態にしておき、匂いを嗅ぐ準備をするためだというのです。我々はみな、調香師であろうとなかろうと、自分たちの感覚を休ませる必要があります。体に休息を与えるように、脳にも休息を与える必要があるのです。

わたしは、自分と共同作業をする人たちに自分の信念と闘争について何度も説明するうちに、「パルフュミスティック」という言葉を思いつき、今ではしばしばこれを使っています。この言葉は、一番重要なのは常に香水そのものであるべきだという理念を説明するのに役立ちます。我々が手がけるあらゆるもののうちに香水の本質的価値が見出されるべきです。それは人間による、人間のための、人間的な美意識です。これは周知の理念ではありませんが、それも無理ないことです。今日知られている香水市場においては、近年現われ始めたニッチブランドを除けば、香水だけを扱うブランドは稀《まれ》になりました。元来、デザイナーは服を作り、宝石商はジュエリーを作り、調香師は香水を作っていました。しかしこの法則は例外になりました。今ではほとんど誰もが香水を販売しています。もちろん、ゲランやキャロン、グタールといった名は残っていますが、有象無象のブランドのあいだに埋もれてしまい、そこでは何もかもが秩序を持たず同レベルで存在しているのです。この現象を示す好例は、香水を扱う大規模店舗です。そこでは商品がブランドの名前のアルファベット順に並び、ただ唯一便利な「マスティージ」〔お買い得な高級商品〕という概念が支配しています。歴史的なメゾンの香水が、アウトソーシングによる製品やライセンス商品のすぐ脇に並んでいます。この芸術価値の混迷は、多くの人が今日香水を一つのアクセサリーとみなしていることから来ています。もちろん、香水はある服飾ブランドのスタイルの延長になりえます。しかし、香水の存在はそれを提供するブランドの他の分野の商品活動によって必ずしも正当化されなければならないわけではありません。香水は単体として、独立して存在するものなのです。そのような確信がなければ、我々は、香水について思考することも、それがあるべき形で作り上げることもできません。それがあるべき形、というのは、わたしが調香師人生の最初からずっと考えていることですが、一つの芸術作品として独自の世界を築き上げるもの、ということです。

わたしは調香師の取り組みの美しさを深く信じています。そのインスピレーションについても、この職業の現実が持ちうる美しさについても。それ以外の物語は必要はありません。これこそが唯一語るに値する物語なのですから。わたしは常に自分の香水の物語をカルティエとスタッフとともに描いてきました。真の物語であれば、時が経っても変わらずあり続けられます。《ベゼヴォレ》のように、十年前に調香した香水について話してくださいと頼まれたときにも、容易に語ることができます。

わたしはいつでも一貫性のある真の物語を語ってきたので、それぞれの要素が互いに支えあい、自分の表現が自分自身を超えることさえあります。幾度となくそのような経験をしてきましたし、それはいつでも大いなる喜びです。例えば、同僚がボードレールの「飛翔」という詩を読ませてくれたことがあります。わたしはその詩を知らなかったのですが、そこには、その少し前にわたしが《ランヴォル ドゥ カルティエ》〔飛翔〕という香水に込めた言葉のすべてが含まれていました。上昇、固定観念から解放されること、観想により自らを高みに上げること、そういった考えです。わたしは感涙にむせびました。この種の発見をしたときには、まるで神がわたしの仕事を認めてくれたかのように思われるのです。適当な物語をでっち上げているのではなく、香水を通じて人生や人間の条件について語っているのだという信念を確かにしてくれるのです。つまり、自分自身よりずっと大きな物語を語るということです。このように、魔法にも似た時間を生きられるとはなんて幸運なことでしょうか。テーマが香水の本質を扱い、クリエイションから目を離さずにいれば、このタイプの呼応が存在しうるのです。そのとき、香水が芸術的な次元を持つことが明らかになるのです。

III なぜ新しさはもう終わったのか

「香水を選ぶのは一票を投じること」。わたしはこの文章を何年も前に自分のオフィスの壁に書き、現在さらにそれを確信しています。今日、香水を購入することで、消費者は、ブランドを選ぶ以上のことをしているのです。つまり、あるアプローチに賛同するということです。社会や環境への配慮やそれに対する具体的な貢献、また環境負荷を減らすブランドを優先する傾向が見られ、若い世代にはその傾向が顕著です。何を購入する際にもこういった条件がますます考慮に入れられるとわたしは考えています。我々の時代は、もう新奇なものは必要としていません。正しいものを求めているのです。気候や社会変動の待ったなしの状態を前にして、ただ新しさだけを求めて刷新する行為はそのうち耐えがたいものになるでしょう。新しさはそのオーラを失い、少しばかり胡散臭《うさん》いものになると考えています。あるしっかりとした目的や大義のために存在するのではない商品、現実の需要に何の解決策ももたらさないオブジェは、すぐに化けの皮が剝《は》がれ、単に消費されるだけの、値段なりのものでしかないことを露わにしてしまうからです。

リスクを伴わない、成功を目指しひた走るだけの行為はいずれ行き止まりにぶつかります。まさに、そこには新しさはなくなってしまうのです。クリエイションの点で言えば、他と一線を画するアイディアは稀《まれ》になり画一化した結果、皮肉なことに、現在ではそういった事態をもたらした香水業界自体がその現象を憂いている有様です。その間ジャーナリストたちは、新発売の香水が増えるばかりなのを嘆き、消費者はその多くが自分の気にいる香水を見つけることができません。これほど多くの香水が市場に存在した時代はなかったというのに、です。消費者の多くがニッチブランドに向かうのもそういった状況の反動でしょう。この二十年ほどの香水業界のやり方に誰もが背を向けるようになりました。わたしは、芸術は流行を作り出すのではなく、自らに固有の歴史の上に築き上げられるものだと思っています。ルイ・カルティエが、ブランドには「固有の様式」があるべきだと望んだのもそのような思いからで、彼は美術史と様式史の教養を持ち、そこから自らの様式を立ち上げたのです。

カルティエの香水の歴史は一九八一年、《マスト ドゥ カルティエ》とともに始まります。その後四十ほどの香水がそれに続きました。そのなかには廃番になったものもあります。多くの場合、それは香水のせいではなく、香水瓶にまつわる理由によるものです。製品の売上が落ち、香水瓶製造業者への発注数が一定数を切ると、製造費は跳ね上がります。そうなれば、ブランドはその製品を廃番にしなければなりません。これが、市場に長いあいだ存在し続ける香水が少ない理由です。しかしながら、そうやって消える香水のなかには、まだ語るべき物語を持っているものもあります。カルティエでは、《マストドゥ カルティエプールオム》《ソープリティ》《サントスドゥ カルティエ》、また一九八七年版バージョンの《ラ パンテール》などが販売されなくなったことを嘆く顧客がいます。他にも《ル ベゼデュ ドラゴン》〔竜のキス〕のように、製造の際の同様の問題から存在が危ぶまれている香水があるのですが、これは素晴らしいシプレノートの香水で、わたしはこれが販売カタログに残るよう絶えず説得し続けています。《ロードスター》にしても同様です。カルティエの香水カタログすべてを市場に残しておきたいとわたしは長年考えてきました。末長く残される貴石、そして老舗としての伝統が「永遠」という概念に深い意味を与えているこのジュエリーメゾンにおいて、わたしは顧客の方々に、彼らがつけている香水を途中で廃番にすることは決してないと保証したかったのです。ですから、二〇二一年に、香水のための《レネセセールア パルファン カルティエ》コレクションをリリースできたのは幸せでした。これは、手のひらサイズの美しく便利な金属製ケースで、このケースに自分が好きな香水のリフィルを忍ばせることができます。カルティエが一九八一年から商品化してきた四十数種の香水が、これから二〇二五年までのあいだにこの新しいシステムのおかげで入手可能になります。廃番になったものも含めてです。もちろん、そのためには、現在の基準に合わせて調香し直さなければならないものもあります。

毎年、公衆衛生上の理由、また動物や環境保護のために禁止される天然や人工の香料が出てきます。ですから、それらの香水をそのままの形で再販することは不可能です。

現在ではどのブランドもこのエシカルな規範に従っているのは評価すべきことです。多くの人は、それにより変更を余儀なくされた点があることを残念に思っているようですが。もちろん、わたしも一時は、《ミツコ》があのオークモスがかつて漂わせていたビロードのような香りを失うくらいだったら販売を停止したほうがましだと考えていた時がありました。しかしわたしはその後考えを改めました。現在の規範に適《かな》った《ミツコ》を購入できるほうが良いと思うのです。もちろんまったく同じ香りではありませんが、少なくともそれで廃番にならずにすむのです。

今日ゲランで手に入る《ミツコ》は今でもとても美しいですし、美とは主観的なものですから、同じ香水の二つのバージョンの間に優劣をつけることが可能だとはわたしは思いません。ミロのヴィーナスに腕がないからお蔵入りにするべきだとは想像もしないでしょうし、ギザのスフィンクスの鼻が欠けているからといって壊したりはしないでしょう。それらの美は損なわれはしましたが、作品は残り、我々はそれでも美しさを感じることができるのです。これは香水の名作に関しても言えることです。新しい調合が巧みになされた際には、違いは微々たるもので、完璧な修復と同様です。そして、現在では使用が禁止されている素材を他のものに差し替えた場合ダメージは避けられないとするなら、それは壊れてしまった彫像を完全にではないができる限り修復するようなものだとみなす必要があります。わたしはこの観点を擁護します。そのことによってブランドが自由になり、現在では失われてしまった偉大な作品が生き返るきっかけを得ると思うからです。

例えばウォルトの《ジュ ルヴィアン》〔私は戻ってくる〕、ブルジョワの《ソワールドパリ》〔パリの夜〕、ゲランの《ヴォワラプークワジェメロジーヌ》〔わたしがロジーヌを愛した理由〕、キャロンの《ニュイドノエル》〔クリスマスの夜〕など、また他の多くの香水についてもそうです。それはクリエイションの価値を認め、文化遺産を守り、供給の多様性に貢献することであり、永遠の輝きを放つ作品を求める欲求に合理的な解決策を示すことでもあります。

存在意義とスタイルが見つけにくい市場において、それができる消費者は、すでに知られていて認められてもいる技術が存在する場所に自らの求める香りを探しに行く傾向があります。わたしは、香水界の名作のリバイバルブームが現われると確信しています。ファッションの世界ですでに起こっているように、専門性と才能があるブランドに再び人々が戻るのだと。自分のワードローブのアイテムを注意深く選ぶ人は、同じくらい大胆に自分のオーラを香りで表現する香水を選ぶに違いないと容易に想像できるではありませんか。自分のスタイルを確立するには、シャネルの《№19》やカルティエの《マストドゥ カルティエ》のように、芸術における傑作と同じ価値を持つ古典の名作としての香水をつけるに越したことはないのです。わたしは、若い世代の消費者、インフルエンサーになり始めたばかりの人たちも、すでに評価が固まり、反駁の余地のない美的価値を持つ香水の数々に遅からず戻るのではないかと思っています。若い人たちが、ロシャスの《ファム》や《カボシャール》などを纏《まと》うのに立ち会う日が来るでしょう。そして、多くの人たちが、香水におけるヴィンテージがどれだけ素晴らしいか近い将来発見することを期待しています。それは、純粋なエレガンスです。「新しいことだけに意味がある」時代以前のエレガンス、素材と、新しい香りの形式に導かれていたエレガンスなのです。

VII

なぜステレオタイプからは距離を取る必要があるのか

思い出せる限りの過去に遡っても、匂いの分類、伝統的なカテゴリー分けが自分にしっくりきたことはありませんでした。ISIPCAでの学業時代、このテーマは自分をいつも困惑させていました。ある日、わたしのクラスの教師であり、調香師のジャン＝フランソワ・ブラインが、いくつかの素材と目安となる分量からなる図式をもとにカーネーションのノートを構成するという課題を出しました。サリチル酸を鼻先にもってきたとき、わたしは、これは自分が考えるカーネーションのイメージに完璧に適っていると思いました。そして、これを五〇パーセントの割合で配合しました。それは、目安として推奨された割合よりずっと高かったので批判されるかと思いましたが、仕方がありません。この課題を提出した後、意外なことに、ジャン＝フランソワ・

ブラインはまさに既存のシェーマから解放されることを恐れなかった学生を高く評価したのです。彼によると、すでに存在する枠の外に出られなければクリエイターとしては期待できないというのです。それ以降、自分の鼻で考えるのが正しいとわたしは長いあいだ確信してきましたし、現在に至るまで、自分の香水を既存のカテゴリーに従って調香したことは一度もありません。わたしはいつも、ある香りの概念から出発し、いくつかの素材でラフスケッチを描いてから、素材をひとつずつ吟味します。《ラ パンテール》の例を取ると、シプレノートのあらゆる要素が揃っていますが、同時にフローラルな部分も無視できないし、アニマルノートも存在します。この香水はどのカテゴリーに入れればいいでしょうか。香りの分類はとても閉鎖的に思われます。もしかしたらそれは、このマッピングが発明されたのが約一世紀前、当時の調香の構図に基づいているせいかもしれません。当時は、我々が現在持っている香りの分子についての知識がそれほどなかったのです。年に一度出版される『フレグランス・オブ・ザ・ワールド』のなかで、この業界でリリースされた香水を網羅するため、香水の専門家であるマイケル・エドワーズは新たなカテゴリーを生み出す必要がありました。もし自分が学業時代に香りの分類の影響下にあったら、カテゴリー分けはし易くてもクリエイションの領域のより狭まった香水を作っていたかもしれません。《ラ パンテール》に関して言えば、わたしは最終的に「フローラルな野性性」と説明することを選びました。この表現は、クリアーでありつつも好奇心を掻き立て、伝統的なカテゴリーの枠に嵌《は》めてしまうよりも説得力があると思ったからです。芸術は、スタンダードを攪乱《かくらん》し新たな規範を作ることから成り立っています。ビジュアルアートにおいては、さまざまなジャンルの境界は揺らぐ傾向にあります。現代美術における「アーティスト」という用語は現在、ビデオ、絵画作品、ハプニング、インスタレーションなど多くの分野を包括します。あるクリエイターとその作品が現われたとき、アートの世界で最初に行なわれるのは、作品をカテゴライズすることではなく、理解することでしょう。カテゴリーに嵌めようとする人たちは常に存在するでしょうが、そういったアプローチは、カテゴリーそのものが新たなカテゴリー展開のきっかけになる時のみ意義を持つことでしょう。

少し前から、「オリエンタル」という用語を使うことに疑問を呈する議論がアメリカで起きています。どうしてある種の香水を香りの特徴について何も意味しない「オリエンタル」という手垢のついた表現で括り続けるのか、という趣旨です。その議論に関して数人のジャーナリストに意見を求められましたが、わたしは、西欧がオリエントに対して大いなる幻想を抱いていた時代に慣習となったこの用語を問い直すべきだと考えています。同時に、過去に遡ってまでオリエンタルというカテゴリーをまったく消してしまうのは、我々の歴史の一部を失ってしまうことになります。《シャリマー》について語る際、オリエンタルなインスピレーションに触れないわけにはいきません。インセンス、ミルラ、安息香《あんそくこう》など、かつて東洋からもたらされた素材をベースに構成された配合はどのように呼び習わせばいいのでしょうか。これもまた考察されるべきテーマです。わたし個人としては、バニラやアンバー、ウッディな香りのカテゴリーがステレオタイプの陳腐な表象を流通させることになったのは、まさにこれらが「オリエンタル」と呼ばれていたせいだと思っています。

オリエンタルというカテゴリーは、男性の目から見た、セックスアピールを誇張した女性性の表現です。男性に支配され、男性を魅了するためだけに存在するする女性のイメージ。この、媚薬としての香水の裏に、わたしは、常に男性を誘惑せよ、という命令を感じとります。蠱惑《こわく》的で、奔放だがそれほど解放されているとは言えない女性を演出する広告により流通した、異性愛の紋切り型に沿ったイメージのせいで、わたしは、自分がオリエンタルな香水をつけることは想像できず、調香師としてもとりわけこのカテゴリーの香りを展開しようとはほとんど思わなかったのです。《ルール ミステリユーズ》〔神秘の時間〕は稀《まれ》な例外で、これはインセンスをベースにマツリカ〔アラビアジャスミン〕とムスクを伴う、包み込むような、親密な香りです。内省の時間、自己との対話の時を想像して作りました。通常のオリエンタルノートが主張してきた、肉感的で外に向かう喜びとはかけ離れていると言えるでしょう。わたしは、この手のノートに相も変わらぬイメージが結びつけられるのを残念に思ってきました。オリエンタルノートはセックスアピールの表象でしかなく、オリエンタルという用語を幻想の枠に閉じ込めてきました。しかしわたしは、この香水を通じて、インドの精神性にオマージュを捧げようと思いました。カルティエには「インド ミステリユーズ」〔神秘のインド〕というコレクションがあり、わたしはオリエンタルな香水に文化的なビジョンを与えたかったのです。それは、暖かくバニラ香のするステレオタイプの表現ではまったくありません。さらに、オリエンタルノートにあまりにも頻繁に結びつけられてきた偏狭な女性性のイメージを養うことは論外でした。《ルール ミステリユーズ》は《レ ズール ドゥ パルファン》コレクションのあらゆる香水と同様にユニセックスで、実際に多くの男性もこの香水を使っています。

しかし、例えば、いわゆる「女性向け」または「男性向け」に作られた香水が、それを超えて使われることがあり、それはとても嬉しいことです。女性向けに作った《べゼヴォレ》と《ラパンテール》をそれぞれミュージシャンと俳優の男性の友人がつけてくれていますが、何よりのことと思っています。彼らがその香水をつけているのを嗅《か》ぐと、男性が身に纏《まと》ってもこれらの香水はやはり美しく、正しいことがわかるからです。自分のクリエイションを新鮮な視点から見るきっかけともなります。稀だからこそ貴重な機会なのです。これらの香水は確かに「女性向け」としてリリースされましたが、男女で分ける以前に、そもそもクリエイションには初めから性別はないのです。前者は花の香りをめぐる探究であり、後者はアニマルノートについてのクリエイションです。男性がつけてはいけない理由はどこにもありません。この点についてカルティエは変わらぬビジョンを抱いています。このメゾンの香水が何かのカリカチュアだったことはなく、そのおかげで、性別を超え存在することができています。多くの女性が《デクララシオン》をつけていますが、これは男性向けの香水として販売されています。《マスト ドゥ カルティエ》は我々のコレクションのなかでは代表的なオリエンタルノートですが、清々しい緑を感じさせる部分があり、フローラルノートはほとんどないため、結果としてそれほどフェミニンな香水ではないのです。男性の方は女性向けの香水を、女性の方は男性向けのものをつけてみてください。どれもすべてマッチするとわかるでしょう。

わたし自身は、決められた型に嵌まっていたことは一度もありません。若い時にはどちらかといえばイギリス人が表現するところの「ボーイッシュ」で、ジーン・セバーグのようにショートヘア、父親のセーラーカラーのシャツを着て、革ジャンを羽織っていました。大学で化学を専攻していた頃は、スクーターで移動し、ロックバンドのニュー・オーダーやザ・キュアーのファンで、バンドのボーカルでした。この職に就いてからも、わたしは自分の女性性をテーマにしたことは一度もありません。クリエイションには性別は存在しないからです。調香の際、自分と自分の体は完全に切り離されています。わたしの研究対象は抽象的な物事です。つまり、香水そのもの、香水が社会や人の生活のなかで占める場所、そしてカルティエというメゾンです。この職業で出会った人から、自分の仕事を単なる女性性の枠に押し込められたこともまったくありません。一九九〇年代、#MeToo 運動はもちろんまだ始まっていませんでしたが、人々のメンタリティはすでに変わりつつあったのです。

香水は男性的な業界だとよく言われますが、わたしはそのように感じたことは一度もありません。ゲランでは、わたしを囲むスタッフの多くが女性でした。ジャン＝ポール・ゲランのアシスタントの二人、ラボで働く人たち、人事のスタッフや、調香師の同僚マリーヌ――我々二人は「ジャン＝ポーレット」というあだ名をつけられていました――と数え上げてみても、ほとんど女性ばかりの職場でした。反対に、工場では、男女がもう少し混じっています。工場は、自分が一人で男性に囲まれ、時には、素材の計量のために大きなドラム缶を持ち上げるといった「男の作業」をしていると感じた唯一の場所でした。しかしそれは素敵な経験で、製造長のパウロ・ディニスとはとても仲良くなり、陽気に声を上げて笑う機会が何度もありました。実際、女性は香水業界には珍しくなく、それは調香部門においても同様です。アンヌ・フリポ、ソフィー・ラッペ、カリス・ベッケル、ソフィア・グロジュマン、クリスティーヌ・ナジェル、イザベル・ドワイヤン、ダニエラ・アンドリエ、ドミティル・ミシャロン＝ベルティエ……挙げ始めればきりがないほどです。男性の業界と思われているのは、ひとえに、この業界で働く女性がメディアに取り上げられることが少ないからです。最近は変わりつつありますが、同じ能力の持ち主であれば、今でもまだ男性に意見を求めるほうが多いのです。香水業界で見受けられるこの不平等は、社会の他の場面で観察されることとまったく変わりません。家父長制度的な人物が業界を仕切るのも、自動的に男性に意見のお伺《うかが》いを立てるのもそうです。男性の専門的知識のほうが安心できるという理由からです。しかし、香水界はまた、社会と歩みを共にしてもいます。一九五〇年代、女性たちは解放の恩恵を一部受けました。戦時中の女性の貢献、役割を尊重してのことです。しかし、一九八〇年代頃、ステレオタイプの物言いが覆い被さってきました。香水は過度にセックスアピールのためのものとなり、調香自体にも男性と女性の差が強調されました。男性にはシトラスやウッディノート、女性にはバニラとフローラルノートという区分です。物事が決まりきったイメージのなかに片づいていると都合のいい何事かがあるのでしょう。このステレオタイプは多くの人にシンプルで便利な区別を提供したために今までしぶとく生き残っているのだと思われます。

わたしは、カルティエ入社時に、こういった男女に関する決まりきったイメージが浸透しているのを身をもって体験しました。二〇〇五年のことです。《レズールドゥパルファン》をリリースし始めた頃から、わたしは奇妙な現象に気がついていました。出会った女性のジャーナリストのほとんどが会話のどこかで必ずジャン＝クロード・エレナの名前を出すのです。彼女たちは誰もが、彼と「友だち」であるとわたしに言っておく必要を感じているかのようだったのです。まるで、彼に自分たちが香水のエキスパートだと保証されたと言わんばかりでした。この時代すでに、ジャン＝クロードはこの業界でおそらく高い評価を受けていた人物でした。素晴らしい知識と技術の持ち主で、真の創造性があることを彼自身示していました。そうだとしても、決まったように彼の名が出されることをわたしは長いあいだ不思議に思っていました。ある日、親しくしていた自分のプレス担当者の女性にそのことを話したところ、彼女は、わかりきったことであるかのようにこう言い放ったのです。「当たり前よ、だってあなたは女性でしょう！」調香師の多くが男性でありジャーナリストは女性である世界において、会話のなかに相手を魅了しようという態度が見られることは稀ではありません。わたしのほうでは、香水をあるがままに、創造過程をも説明することを好んでいました。わたしのアプローチは、真実を共有し、透明性を保つところにあり、そのおかげで、女性ジャーナリストたちと、それまでにはない、真の関係を築くことができたのです。この時代まだ多くのブランドが、かなり単純な言説を流通させていました。香水は、素敵な音楽に乗って街中を散歩するミューズだというのです。香水はそういった幻想と同じくらい、芸術的な真実によっても人を魅惑できると考えていた人は少なかったのです。この信念を擁護するのは、調香師エドモン・ルドニツカのビジョンを深く信じているからです。わたしはＩＳＩＰＣＡで幸運にも彼に師事しました。彼は、調香師は教育者であるべきで、自らの芸術について説明する義務があると語っていましたが、この職業に就いてからこのかた、わたしもその立場を支持してきました。その後、わたしは、アブダビのルーヴル美術館で、ミケランジェロによる次のような文章に出会いました。「喜びのなかでも最も高貴なものは、理解する喜びだ」。わたしはこの言葉がとても好きで、だからこそいつでも率先して自分の職について説明し、どんなに詳しい情報でも快く伝えています。それは、この喜びを贈るためなのです。

香水と調香師についてのわたしのビジョンは最近生まれたのではありません。わたしは常に、アートと美は同じ価値を共有すると考えてきました。しかし、いつでもその理由を説明できたわけではありません。わたしの信念にはどこか生き物のようなところがあり、思考の足跡を辿ることは必ずしも容易ではないのです。その意味では、ジャーナリストとの対話はいつも大変に建設的で、わたしは彼らに感謝しています。経歴を尋ねられることはもちろん頻繁にありますが、もっと刺激的で深淵な「なぜ」「どのように」をめぐる問いも多く受けました。そして、答えを考えるうちに、自分にとっての価値を構築するものについて理解するに至り、考えに形を与えられるようになったのです。わたしは、質問を受けるのが好きです。思考を深められるよう説明を求められることが。この「なぜ」がなければ、わたしは自分のしていることを理論化できなかったことでしょう。それに、作品の説明は時に作品そのものより興味深い場合がありうると確信しています。七、八歳の頃、両親と文学番組『アポストロフ』を視聴するのが常でしたが、この番組では、作家が近著について話し、いかにして本の着想を得たのか、どのようにして作家になったのか、彼らにとって文学は何を意味しているのかについて語っていました。わたしは、当時、番組に出演していた、アレクサンドル・ソルジェニーツィンのような作家たちについていかなる知識も持っていませんでした。そこで紹介されている本にしても、一冊も読んでいませんでした。であれば、その番組はわたしにとってまったく意味がないと考えることだってできたでしょう。しかし、わたしはこの番組に夢中でした。ほとんど理解は出来なかったものの、わかった部分はわたしを高尚な次元に引き上げてくれました。わたしはその後、芸術的なアプローチや、アーティストたちの信念を辿ることに関心を抱き続けました。ヴェルレーヌの伝記、ファン・ゴッホがテオに宛てた手紙や、最近では、蔡國強《ツァイ・グオチャン》についてのルポルタージュ番組などがわたしを遠くまで運んでくれました。こういった関心から、わたしは『インスパイア』[1]という名のポッドキャストを二〇二〇年に立ち上げました。この番組を通じ、香水の作り手が、その香水を作る過程を説明するのに導かれて香水を嗅いでほしかったのです。そして、他のアーティストや、香水に精通する人たちがその香水をどう感じているかについても知る機会を提供したく思いました。それはまさに『アポストロフ』で、作家が自分の作品ではなく他の作家の作品について語るのと同じです。

　そこで語られている作品を知っているにしても知らないにしても、香水であれ書物であれ他のものであれ、ある人が作品にどうアプローチするのか、ある作品がどうしてできたのか、作り手の人生と創造の経験について語るのを聞くことは自らに美をもたらすと信じています。さまざまな道が開かれるのです。ある作品やテーマについて熟知していなくても得られることはあると思っています。時には、文章一つ、単語ひとつだけでもいいのです。ですから、わたしは、伝え、説明し、理解の手がかりを与えたいと思っています。自由になるために。人々がより明晰に物事を把握できるように。ジャーナリストたちが仕事を十全に行なえるために、そして、今度は彼らが、我々の分野に残っているステレオタイプから前に進むためのメッセージを伝えられるように。

⦿1　息を吸う、すなわち匂いを嗅ぐという意味もある。〔訳註〕

一　なぜ香水は芸術とともに、または芸術とは別に書かれうるのか

わたしは自分をアーティストとみなしているかと頻繁に尋ねられます。それを決めるのも確定するのもわたし自身ではありません。あるメゾンの社員であることは、一般に考えられているアーティストの身分とは折り合わないように思います。確かに、わたしはこの芸術で身を立てているとみなすこともできますが、フリーランスとして自分のクリエイションを金銭に変えることが意味する不安定な状態を生きているわけではありません。わたしが考えているアーティストの条件はリスクを伴うことと無関係ではありえませんが、わたし自身は比較的安定したステイタスを享受しています。リスクを取ったとすれば、それは、最初に調香師という職業を選んだことです。その当時、この道は不確定要素が多く、選ばれる人も少ないと言われていました。調香師を目指す

と決めたと両親に話したとき、彼らは不安を隠しませんでした。
しかし、自分の絵を売って生計を立てている画家や、エル・シードのようなストリートアーティスト、ボリス・ローのようなアーティストと現在の自分を比較するのはおこがましいと思っています。彼らと自分の違いを測れるくらいにはアーティストの仕事について把握しています。それに調香師は何といっても給与所得者で、他のクライアントのために働くフリーランスであっても、アートとは異なる制限があり、これが調香師にとっての足枷になることもあるし、自分のためだけに仕事をしていたらとったであろう道とは異なる道に導くこともあります。

わたしは、香水は芸術だと心の底から思っていますが、香水の使用は一般に広まったために、ある香水がリリースされる際いつでも芸術的なアプローチが見られるわけではありません。どちらかというと、需要に応える抱負のほうが勝っている場合が多いのです。それ自体は良いことでも悪いことでもなく、それが単に現在の工業の現実であるにすぎません。わたしは、ずっと以前から温めている芸術的なビジョンに従いカルティエで仕事を続けていけることを例外的な特権だと思っています。わたしは強い信念を抱いてこのメゾンにやってきました。アートとクリエイションを真に必要としていたのです。わたしは比較的若く、エネルギーに満ち溢《あふ》れていました。どちらかというとせっかちだったので、すぐにあらゆるものを作りたいと思いましたが、この仕事を学ぶ間に、芸術的なアプローチは香水の世界では稀《まれ》だと気がつきました。この業界では、しっかりと「パルフュミスティック」な提案、つまり、香水とその美学、アートとしての提案をしている人は少なかったのです。《レズールドゥパルファン》コレクションは、香水業界、そして自分が働き始めたメゾンのために抱いている意気込みを示すわたしなりのやり方でした。自分の理想を香水瓶のなかに詰めること。だからこそわたしはこのコレクションを「香りのマニフェスト」と呼んだのです。このコレクションを通じて、わたしは、香水における美と感じているものを表わしたかったのです。このコレクションを気に入ってくれ、このコレクションが、わたしが望んでいるのと同じように、クリエイティブでアーティスティックであって欲しいと思っている人たちを集め、結びつける道を描くこと。それは、香水がアートだと示す頃に心を砕いた先人たちの道を辿る、それ自体やりがいのある目的のように思われました。例えば、エドモン・ルデニスカ、ピエール・ブルドン、ジャン゠フランソワ・ブライン、またはジャン・カルルのように、わたしの思考を培い信念を深めてくれた人たちです。わたしは今日、特にジャン゠クロード・エレナとドミニク・ロピオンというこの二人の「同志」のような調香師たちと香りの探求を分かち合っています。彼らとはクリエイションへの愛、そして美への愛において結びついていると感じています。それだけではなく、香水という芸術の歴史に並々ならぬ情熱を抱いている点でも我々は繋《つな》がっています。この情熱は決定的で、ISIPCAでの学業時代に幸運にも香りの発見ができたことでより豊かなものになりました。学校はオスモテック、つまり国際香水保存研究所と同じ敷地にあったので、わたしはここで、多くの香水の古典的名作を、当時の調合において嗅《か》ぐことができたのです。これは忘れがたい経験でした。ジャック・ファァットの《グリーンウォーター》、キャロンの《ベロジア》、コティの《シプレ》、バルマンの《ヴァンヴェール》など……。

多くの「香りの衝撃」がわたしを芯から揺さぶり、同時に調香師として作り上げてくれました。これらの経験にわたしは感嘆し、まさにその返礼として《レ ズール ドゥ パルファン》コレクションに出会う人たちに同じ感動を与えたいと願いました。それは香水の愛好家であれ、メゾンの重要な顧客であれ、パリのデパート、ギャラリーラファイエットのスタンドにある日ふらりと立ち寄った人であれ変わりません。

あらゆる香りのカテゴリーを探究し、香水における美はそれらの一つに限られるのではなく、至る所にあらゆる次元でどんな時代のどんな様式にも存在すると証言することが大事でした。この素晴らしいカテゴリーの一つ一つにわたしなりに寄与し、新たな表情を与えることは、香水という芸術の歴史にオマージュを捧げるに等しかったのです。アルノー・マルタンは、カルティエの香水部門のマーケティングディレクターだったとき、ある日、《レ ズール ドゥ パルファン》は彼にとって香水の通過儀礼となる道のりだったと語ってくれました。わたしはその考え方がとても好きです。誰もが、このコレクションのなかから、好みに合わせて自分だけの道を辿ることができるのです。すでに知っているものから出発し、未知の領域へと乗り出し、そこに美を見出すこと。それをわたしは期待しています。

わたしは香水を芸術とみなしていますが、それは、香水はノンバーバルコミュニケーションの道具だからです。《ルール ペルデュ》〔失われた時間〕を作ったとき、わたしはこれによって一種の知的なバグを提案しようとしていました。人工的に子供時代へ遡ること。ここでの目的は、一〇〇パーセント人工香料から一種のノスタルジーを作り出すことでした。そのことによって、自分の子供時代の香りに存在した人工的な次元について問い直して欲しかったのです。《レズールドゥパルファン》コレクションを人に試してもらうとき、わたしは、《ルールペルデュ》を嗅いでもらうのを心待ちにしています。いつでも、ある時点で、会話のなかに、お母さんやお婆さんの話が出てくるのですが、それを聞くとわたしはいつでも鳥肌が立ちます。人それぞれの感情と記憶、身体奥深くに呼びかけ、対話を交わすことこそがわたしの目的だからです。だからと言っていつもうまくいくとは限りません。匂いを嗅いでもその脇を素通りする人もいます。しかしわたしは、自分が調香した香水の一つ一つを通し、匂いを嗅ぐ行為の驚異的な力と喜び、そして匂いがもたらしうる意味を、それを望むすべての人々に届けたいと思っているのです。香りのアーティスティックな次元を捉えるのです。それは、ブロックバスターを仕掛けようと大衆におもねったノートを主軸に据える商品開発戦略とはまったく異なっています。きれいなパールを糸に通せば美しいネックレスが作れるわけではありません。香水の概念自体が異なっているのです。「感覚にとって意味のあるものを作り上げたい」という意思は、単にいい香りの商品を作る作業と自分とを隔てるものなのです。

芸術とコンセンサスを求める行為は対立しています。この数十年間、世界的な市場が、ミュグレーの《エンジェル》や《コロンバイミュグレー》、イッセイミヤケの《ロードゥイッセイ》、ナルシソ・ロドリゲスの《フォーハー》のような名作を送り出してこられたのは、勇気ある人間が決定権を持ち、クリエイティブなリスクを負ったからです。わたしは、本当のクリエイションを広く知らしめることを試みる人に香水の開発は委ねられるべきだと思っています。そして、工業部門はその結果としての製造にのみ関わるべきだと。その条件下において、天才的なアートディレクターの肝入りで大成功を収める作品も生まれてくるのです。アートディレクターというと、例えばミュグレーのヴェラ・シュトルビや、コムデギャルソンのクリスチャン・アストゥグヴィエイユ、またはセルジュ・ルタンスなどが思い浮かびます。自由で比類のないクリエイションの大胆さを生み出す欲求に突き動かされた人たちです。彼らのアプローチが正しいのは言うまでもありません。我々が提供するものが美しく稀であるからこそ成功がもたらされるのです。しかし多くの人が、その逆だと思い込んでいます。そのせいで、それなりに売れる香水は常にイミテーションなのです。他人の成功のパイを一部あやかろうとし、多かれ少なかれ同じ香りのテーマを取り上げ市場に出回る、「わたしもわたしも！」と言い立てる商品です。現在のところ、人の香水を真似しても何の問題もありません。香水は知的財産の枠に入れられていないからです。

フランスの音楽界では、著作権を守るため、一八五一年に作家、作曲家、楽譜出版協会（SACEM）が創設されました。何が剽窃かは明白に定義されていますし、公的な要請を経れば、他のアーティストの作品のサンプリングを合法に行なうことも勿論できます。それによって、オリジナルが語らなかったことを語る作品を作ることもできます。わたしは、香水界にも同様の制度があったらと思わずにはいられません。ある香水が、公的なオマージュ作品としてある調合に新たなスポットを当てたり、別の次元に連れて行ってくれることが可能であればと思うのです。

ゲランの《ラプティット ローブ ノワール》〔黒いミニドレス〕は、ゲランの他の香水、特に《ジッキー》をスマートにサンプリングしたものです。サンプリング元にある、ベンズアルデヒドによってもたらされたアーモンドの香りの下にチェリーのノートを合わせたおかげで、素晴らしく機能する新しいビートが生まれているのです。

香水のSACEMを創設するアイディアは確かにユートピア的に聞こえるかもしれません。すべてが企業秘密のうえに成り立つこの業界の文化を丸ごとひっくり返すことを意味するからです。どのように香りの登録をしたらいいのでしょうか。問題は複雑で果てしなく、わたしにあらゆる答えがあるわけではありません。しかし、我々の職業はこの問題を検討しなければなりません。調香師がアーティストとしてみなされ、彼らの作品が保護され、その結果として報酬を得られるべきだと思うからです。素晴らしい配合が他のさまざまな香水のリスペクト対象になった場合、調香師はクリエイターとして正当な価値を認められることでしょう。

この信念はカルティエでは特別な意味を持っています。コンテンポラリーアートに特化した初のプライベート機関を創設し、フランスにおけるアートのメセナ活動に道を開いたからです。それは一九八四年、カルティエのプレジデント、アラン＝ドミニク・ペランの元で始まりました。彼はアートコレクターでしたが、あるとき親友で彫刻家のセザールが、アートの世界で名を挙げ身を立てることの難しさについて彼に語りました。それで彼は、後にカルティエ現代美術財団として結実する場所を作ろうという使命を抱きました。若いアーティストたちの作品を購入し展示することで、創作の発展の手助けをするというシステムです。わたし自身、カルティエがアーティストを尊重していたことを知っていたので、声がかかったときにこのメゾンで働くことを受け入れたのです。もともとのアイディアは、オーダーメイドの香水を作ると言うものでした。ずっと以前から、カルティエの顧客はあらゆる商品をオーダーメイドして注文することができていたのに、香水だけが例外だったのです。そして、カルティエは、どのようにそれを実現したらいいかはわからなかったものの、確信していたことがありました。メゾン専属の調香師をおき、その知識と技術を信頼するということです。調香会社に委託《アウトソーシング》するのではなく、このような考えを持っていたことは、このメゾンに質を追求する意識、深い思考、香水そのものとそれに携わるものへの敬意がある証拠でした。わたしはそのことにとても驚き、信頼したいと思えたので、一歩を踏み出すことを承諾しました。そしてその決断は間違っていなかったのです。

XII

なぜ香水なしには自分はありえなかったのか

自分がごく自明のこととしてある職業に就くことになったことを「天職」という言葉で表現する人がいます。自分の例を取ると、今いる場所に導かれたのは、多大に無意識の意志によるものだという気持ちでいます。わたしの脳は人一倍敏感なので、いつでも新しい感覚の「インプット」を求めてきました。こういった精神の傾向は、自らの態度や世界との関わりに影響を及ぼし、最終的にこの職業に就きたいという願望を生み出すことになりました。そうして若いときに、わたしは「感覚に働きかける」、特に視覚と嗅覚にまつわる職業を目指すようになりました。具体的には、写真、建築、そして香水です。気がつかないうちに、直感に導かれ、わたしは自分の目と鼻が感じている世界を人にも見て感じて欲しく思ったのです。それが喚起する感情についても。香水の世界に足を踏み入れたとき、わたしは新しい世界を見つけたような気がしました。メタバースを開拓すると同時に築き上げる新しい遊び、と言ったらいいのでしょうか。自分の感覚と脳を駆使して、感覚に作用する冒険に身を投じるのは、非常に心躍る経験でした。

それまで、わたしの学業は比較的スムーズに進んでいましたが、だからといって自分があるべき場所にいると感じたわけではなく、その場所を易々と見つけられたわけでもありませんでした。高校では理科系を選択し、大学の修士課程では生物学を専攻し、要求される論理的能力と理性をおそらく備えていましたが、努力も大いに不可欠でした。この分野の専攻はかなりの学修を必要としましたが、ＩＳＩＰＣＡに入ると、何もかもがシンプルになりました。直感的になったのです。素材の匂いを嗅《か》ぎ、描写し、記憶し、配合し……。そうあるべき自然な作業ばかりだったのです。

ゲランで働いた最初の数年間で、わたしは、香水の世界に関わるようになったのには理由があるという気持ちを強くしました。人がわたしに求めていたことと、わたしに可能なことが一致していたのです。わたしは、この職業において信じられないほど自己を開花できたことに感謝しています。自分の真の能力、あるいは自分の脳の働きに適していることを見出せた喜び。それを理解するまでには二十歳近くになるまで待たなければならなかったのです。

香水業界に入って数年は、通過儀礼の旅さながら、発見に次ぐ発見の日々でした。それも非常に多様な分野で。素材について学ぶことは、地政学と地理について情報を蓄えることでもありました。消費者テストに関わることで、社会学を発見し、フランス以外の文化や歴史についても知識を得ました。二十四歳にしてジャン゠ポール・ゲランのアシスタントになることで、わたしは戦略的な地位に就くことになりました。彼に関係するあらゆる事柄はわたしを通したからです。わたしは、メゾン専属調香師という職のさまざまな点について学び、香水製造そのものから在庫管理、香水の再配合、素材の選択から製造に関わる問題に触れました。あらゆるところでわたしは観察し、匂いを嗅ぎ、手を動かし人の話に耳を傾けました。この実践的で具体的な学びにより五感を駆使しての経験が可能になり、自分のキャリアの次の段階に移るのに必要不可欠な信頼を獲得することができたのです。

ゲランでの時代は、個人的な次元では、自分のポストとの適切な距離を測る助けになりました。「わたしはゲランの調香師です」と口に出しさえすれば、相手に幻想を与える一定の力を持っているとすぐに理解したからです。しかし、この職に関する一般的なイメージは、時に現実とはかなりかけ離れていました。ゲラン時代、わたしは多くの時間を工場で過ごしました。わたしは、工場で出会った職員がゲランで働くことを誇りに思っているのに強い印象を受けました。わたしは、このメゾンが、社内でも社外でも特権的なオーラを放っているのを観察してきました。それは幻想であるとともに、実際イメージ通りの部分もありました。わたしはゲランで調香師としてのキャリアを開始できてとても幸運に思っていましたが、そこではずっと「赤ん坊」で居続け、同僚もそのことを定期的にわたしに思い起こさせました。調香師として謙虚でいることをこの時代学び、おそらくそのおかげで、自分のポストが他人に及ぼしうる影響力を悪用する誘惑に駆られずにすんだのでしょう。人にとってこの仕事は神秘に満ち、心を奪われる世界ですが、実際には忍耐を要する作業が続くことが多く、八方塞がりの状態に置かれることも少なくないのです。

調香師であることは大きなチャンスであるとともに、多大な責任も担います。特に、メゾン専属の調香師にはそれが当てはまるでしょう。メゾンのなかで香りに関する分野に携わっている唯一の人間であることがしばしばで、調香会社の社員のように、匂いを嗅ぐのが職業である調香師や判定師などに囲まれている分野とは異なります。わたしはもちろん良きスタッフに恵まれていますが、調香を始めるとき、白紙を前にして比較的孤独を覚えることがあります。しかしそうだからこそあらゆる思考をとことん突き詰める気にもなりますし、そのおかげで、自分が提案する香りを想像し、展開させ、プレゼンテーションをし、時には擁護することも可能になるのです。わたしは何をここで語ろうとしているのか。何を調香するのか。どうやって自分の仕事をさまざまな分野にプレゼンテーションしようか。どんなことを話し、どんな香りを嗅いでもらうか。こういったあらゆる問いに答えを見つけ、その発言に責任を取るのは自分自身でしかありません。こういった訓練のおかげで、わたしは明確な説明を心がけるようになりましたし、メディアに対してもそれを自分の発言として行なうよう努めました。というのも、自分のクリエイションを外部の人間に語るのもわたしの役割だからです。より広い意味で、自分の仕事についても語る必要があります。調香師というのは、絶えず説明を求められる稀《まれ》な職業です。仕事の内容があまり知られていないからです。嗅覚という、抽象的な分野に属する職業であるゆえ、理論化し、伝える手段を見つけ、理解させることが不可欠です。しかし説明を求められることは刺激的です。わたしは、物事を理解可能にし、論理的に、人が納得できる言い方で説明するよう努力を注ぎ、そのために、教養を深めるよう精進してきました。この使命は、カルティエに入社したときにさらなる発展を遂げました。カルティエという新しい世界をとらえるのにはこのメゾンについて知るだけではなく、より広い教養が必要とされたからです。特に、ルイ・カルティエは自分の仕事が美術史の一端を担うと考えていたのでなおさらです。ゲランでもそうでしたが、このメゾンに所属することで、歴史を担う場所、クリエイションの老舗で働くことが意味する喜びと幸運に意識的になりました。それにふさわしい人間になり、これらのメゾンの様式に刻まれるインスピレーションを提供できるように、新しいスキルを培《つちか》い養う必要がありました。芸術とクリエイションを尊重する環境で育ったとはいえ、わたしは理論よりも実践のほうに惹かれていたので、この職に就いたことを契機として、理論を軸に実践の支えにしようという気持ちが高まりました。

調香師という職業は自分を高めてくれるもので、カルティエのようなメゾンではなおさらです。このメゾンは、香水に関する意欲をはじめとしてわたしのすべてを高めてくれました。カルティエ イメージ スタイル＆ヘリテージ部門の責任者であるピエール・レネロは、ある日わたしに、宝石史を専門とする偉大な批評家の言葉を教えてくれました。それは、現代のジュエリーとハイジュエリーは、カルティエの貢献なしには今と同じではありえなかっただろうというものです。そのときわたしは、カルティエは表現領域を刷新し現代性をもたらし、このメゾンが存在しなかったらジュエリー界は大胆さと創造性に乏しくなっていただろうと理解したのです。その言葉はわたしに大きなインパクトを与えました。そしてわたしは、いつかカルティエの香水についても同じことが言われるようにしようと誓ったのです。

ゲランでわたしが調香した最初の香水は、メゾンのエスプリにかなっているとして評価され、わたしはその評価をとてもありがたく思いました。「ゲランを体現する」ことに大変気を配っていたからです。しかし、香水のブランドで香水を作るのと、宝石ブランドで香水を作るのでは訳が違います。後者は、さらに確かなビジョンが必要になります。香りと他の分野の間に橋を架けられなければならないのです。カルティエの香水には歴史がありますが、何よりも、ジュエリーとその鑑定、カルティエ兄弟とジャンヌ・トゥーサンの遺産が歴史を理解する手掛かりになり、スタイルに組み込む助けになりました。一見まったくかけ離れている多くの事柄と香水とを繋《つな》がなければならず、すぐにわたしは、この広大な世界で、自分の分野と近親性を持つ事柄を定めるようアンテナを張らなければなりませんでした。

ルイ・カルティエの生涯と作品はこの学びの期間わたしを導いてくれました。彼はメゾンの様式を豊かにするために多くの旅をしましたが、そのクリエイションは決して模倣や簒奪《さんだつ》に陥ることはありませんでした。彼を通してわたしは、ある作品がインスピレーションから始まり真の「クリエイション」に至る変容の過程を摑むことができたのです。それに、カルティエで働くようになってから、自分の旅の概念も、旅行中に世界に向ける目も変わりました。何かを奪うよりも理解するほうがいいとわかったのです。ある文化の成り立ちを発見し、その文化を通して自分自身が変化するほうが、ただお土産を買って帰るよりもずっと意味あることだからです。これまでの道のりがあるからこそ、現在の調香師としての自分があるのですが、そのおかげで、自分の日常の経験もあると言えます。誰かと対話したり旅行中だったり、食卓についていたり展覧会場にいたりするときも、わたしは常に、これらの経験が自分の職業とどんな関係を持ちうるかについて自問します。調香師であることは、香りのプリズムであるようなもので、このガラスの多面体を反射させ、反射を受けながら、わたしは生きています。それはわたしの人生そのものなのです。

調香師になるということは、わたしにとってこの上ない幸運でした。思春期にこの職業を選んだとき、それが自分の感覚を最大限に活かせる、自己を花咲かせる職業だとは考えてもいませんでした。自分が、特別に繊細な五感と美的なものに対する感受性、感情のポテンシャルの持ち主だとは気がついていなかったので、その能力についてもよく理解していなかったのです。しかし、わたしが「崇高な無意識」と呼ぶものがこの職業へと向かわせ、蕾《つぼみ》として眠っていたものを全面的に開花させてくれました。調香の仕事は美を絶えず切実に求める自分の感覚を育てる喜びを与えてくれました。自分の感覚を研ぎ澄まし、培《つちか》い、その感覚をクリエイションの実践に用いること。それはスポーツ選手の道のりにも似ています。訓練により、一つ一つの仕草を、見事なまでにコントロールするよう導くことができるのです。

調香師という仕事はわたし自身を照らしてくれる光であり、その光のおかげで、他者や世界をよりよく見ることができます。モンテーニュは五感を通じてよりよく生き、感覚に騙《だま》されることなく、感覚を理解し、コントロールするよう我々を促しています。それはこの職業が我々にもたらすものでもあります。五感という道を通して自分自身を知り、他者の生き方や感じ方を通して他者をよく知ることができるのです。

調香師という職業はわたしを豊かにし目を開かせてやまない冒険です。信じられない、思いがけない出会いがあります。この職業を愛していさえすれば、科学者にも判定師にも出会えますが、わたしのようなメゾン専属の調香師は、自分とかけ離れた職業の人たちとも交流を持つことができます。アーティストや、ファイナンス関係の女性責任者など、稀《まれ》な才能の持ち主と対話を交わすことができるのです。

この本を終えるにあたって、調香師という経験の豊かさ、多様さ、そして美について今一度述べておきたいと思います。この経験がもたらす喜びと精神の高みは重要なものとして人生に刻まれ、残ることでしょう。だからこそ、生涯の道のりを作り上げた、調香師としてのわたしの職業の現実、そして匂いを嗅《か》ぐという行為について読者の皆さんと分かち合いたいと思ったのです。

五感を本質的に用いることで、豊かな世界が開かれ、それは人間の教育と発展についての考察をもたらしてくれることでしょう。

訳者あとがき

この本はマチルド・ローラン（Mathilde Laurent）の *Sentir le sens* の邦訳です。sentir という単語には感じる、感じ取る、理解するという意味合いがあり、le sens には、感覚の他に、意味、価値、というニュアンスもあります。感覚を感じる、つまり嗅覚で感じていることに意識的になる、また、意味を感じ取る、物事の価値を理解するとも捉えることができるタイトルです。

調香師という、一般には馴染みの薄い仕事の紹介から始まり、しかし香水を超えて広く、世界を嗅覚によって感じるとはどういうことなのかについて語っている本書にふさわしい書名だと思います（邦題『マチルド・ローランの調香術――香水を感じるための13章』は、香水がフランスほど浸透していない日本の読者の方にも内容が想像しやすいように変更されています）。

著者のマチルド・ローランは、ジュエリーメゾン、カルティエの専属調香師です。専属調香師というと、ブランドのイメージに合わせた香水しか作れないのではと考えられてしまいがちです。しかし、その時々の顧客に合わせ、売上重視で時代におもねったものを作らざるをえないこともある香料会社で働く多くの調香師と異なり、マチルド・ローランは自らの世界観も反映したクリエイションを展開し、香る雲のインスタレーションや、コメディ・フランセーズとのコラボレーションのように大胆なプロジェクトを立ち上げていることが本書を読むとわかります。また、カルティエのメインの香水ラインだけではなく、彼女がオートパルフュムリーと呼ぶところのハイエンドシリーズでは、単純なストーリーテリングの香りではなく、より複雑に構成された、時には抽象性の高い語りの香水が展開されています。いわば、多くの読者を獲得できるページターナーの才能を持ちながら、同時に、先鋭的な現代文学の書き手にもなれる作家、その調香師版とでも言ったらいいでしょうか。

本書での章立ての元ともなっている、「レズール ドゥ パルファン」〔香りの時間〕コレクションは、まさに、マチルド・ローラン個人のクリエイションが全面に出ていると同時に、それぞれの時間が、香水史を飾ってきた香りやエピソードへのオマージュとしても読める二重性を持っています。他の追随を許さない構築性の追求、香りによる象徴を組み立てるさいに際立つ知性、屹立するエレガンスとでも表現すべき作品の美しさにより、彼女の香水は国籍や性別を問わず多くの熱心なファンを獲得しています。

それほど長くない本書になぜ訳者による解説だけではなく序文までついているのか、不思議に思った方もいらっしゃるかと思います。もともと、この序文はフランス語版のために書かれたものです。訳者が香りの教育についてのエッセイを『マダム・フィガロ』誌に寄稿したさい、その文章を読んだマチルド・ローランから連絡を受け、彼女と初めて出会いました。そして、オランジュリー美術館で彼女の香りによるインスタレーションに文章をつけるコラボレーションを行なったのをきっかけに、本書がフランス語で刊行された際に序文を書くことになったのです。

序文の依頼を受けたさいに原稿を読んで、その内容に一気に引き込まれました。マチルド・ローランが、ブランド付きの調香師でありながら、大胆な発言をしっかりと行なっていることは特筆すべきで、まさに、彼女の香水の持っている、凛としながら開かれたところもあるスタイルが、本書にも通底しています。廉価な香水にも意義がある、天然香料だからといって自然に近いとは限らないという発言は貴重なものですし、香水の古典を存続させるべきだとする提案には、香水を、単なる嗜好品ではなく、芸術作品と同等に捉えている彼女ならではの思想が感じられます。

男性が中心であると言われている香水業界でリーダーシップを取る姿は、彼女に続く女性調香師たちにとって希望を与えただろうと想像しますが、本書からもそのようなシスターフッドがかいま見えます。また、香水を異性を魅了する道具としてのイメージから解放するべきだ、そして「オリエンタル」のカテゴリーに閉じ込められてきた香料をクリシェから解き放つべきだという主張などは、香水の世界を、調香師の側においても使用者の側においても、さまざまな思い込みから解き放ち、より自由にするのではないでしょうか。

近年日本でも、若い世代を中心にニッチ香水のファンが広がっていますが、しかしまだ、ポピュラーなものになっているとは言えません。そんななかで、香水が限られた愛好家のためだけのものではなく、誰にでも開かれた、すばらしい体験をもたらすものであることを平易な言葉で語っている本書は、フランスとはまた異なる存在意義を持つことでしょう。

そして特に本書が今日持つ最も重要な意義は、匂いの世界の多様さ、世界の匂いを嗅ぐということがわれわれの生活をどれだけ豊かにするかについて語られているところではないかと思われます。コロナ後、視覚や聴覚に比べて軽視されがちな嗅覚の持つ重要性に気がついた人も少なくないでしょう。本書は、嗅覚がわたしたちの人生に与える意義だけではなく、とりわけその美しさ、匂いを嗅ぐことがどれだけ心揺さぶられる経験かを教えてくれるという点において、嗅覚を扱った本のなかでも際立った意味を持っていると思います。

本書のフランス語版の編集執筆を担当したサラ・ブアス氏、また、マチルド・ローランのアシスタントのルイーズ・ジェルリエ氏は、訳者の質問に快く答えてくださいました。香水の代理店アールオー代表兼フレグランスキュレーターの白石謙氏には、香水の表記などに関する貴重な助言をいただきました。この場を借りて感謝の意を表します。

そして、邦訳の企画にまっさきに応えてくださった白水社の編集、和久田頼男氏に感謝いたします。

本書により、読者の皆様の世界がより香りに満ちたものになりますよう。

二〇二三年十月八日　パリにて　訳者　関口涼子

《レ ズール ドゥ パルファン》コレクション　Les Heures de parfum

《ラ トレージエム ウール》 La Treizième Heure (2009)
《ルール プロミズ》 L'Heure promise (2009)
《ルール ミステリユーズ》 L'Heure mystérieuse (2009)
《ルール ブリヤント》 L'Heure brillante (2009)
《ルール フォル》 L'Heure folle (2009)
《ルール フグーズ》 L'Heure fougueuse (2011)
《ルール デフォンデュ》 L'Heure défendue (2011)
《ルール ディアファン》 L'Heure diaphane (2011)
《ルール コンヴォワテ》 L'Heure convoitée (2011)
《ルール ヴェルチューズ》 L'Heure vertueuse (2012)
《ルール ペルデュ》 L'Heure perdue (2017)
《ルール オゼ》 L'Heure osée (2021)

《レ ズール ヴォワイヤジューズ》コレクション　Les Heures voyageuses

《ウード & ムスク》 Oud & Musc (2014)
《ウード & ウード》 Oud & Oud (2014)
《ウード & ローズ》 Oud & Rose (2014)
《ウード ラディユ》 Oud radieux (2015)
《ウード アブソリュ》 Oud absolu (2016)
《ウード & サンタル》 Oud & Santal (2016)
《ウード & ミント》 Oud & Menthe (2019)
《ウード & アンバー》 Oud & Ambre (2020)
《ウード & ピンク》 Oud & Pink (2021)

《レ ゼピュール ドゥ パルファン》 Les Épures de parfum

《ピュール キンカン》 Pur Kinkan (2020)
《ピュール マニョリア》 Pur Magnolia (2020)
《ピュール ミュゲ》 Pur Muguet (2020)
《ピュール ローズ》 Pure Rose (2021)

《リヴィエール ドゥ カルティエ》コレクション　Les Rivières

《アレグレス》 Allégresse (2021)
《アンスシアンス》 Insouciance (2021)
《リュクシュリアンス》 Luxuriance (2021)

（リストには尽くしきれない）

マチルド・ローランの香水一覧

ゲランのためのクリエイション
CRÉATIONS POUR GUERLAIN

《ゲット＝アポン》 Guet-Apens (1999)*
《シャリマー オー レジェール》 Shalimar eau légère (2003)*

《アクア・アレゴリア》コレクション Collection Acqua Allegoria
《パンプルリューヌ》 Pamplelune (1999)
《ハーバ フレスカ》 Herba Fresca (1999)
《イラン&バニーユ》 Ylang & Vanille (1999)*
《ローザ マグニフィカ》 Rosa Magnifica (1999)*
《リリア ベッラ》 Lilia Bella (2001)*

＊印は現在廃番

カルティエのためのクリエイション
CRÉATIONS POUR CARTIER

《ロードスター》 Roadster (2008)
《カルティエ ドゥ リュンヌ》 Cartier de lune (2011)
《ベゼ ヴォレ》 Baiser volé (2011)
《デクララシオン ダン ソワール》 Déclaration d'un soir (2012)
《ラ パンテール》 La Panthère (2014)
《ランヴォル ドゥ カルティエ》 L'Envol (2016)
《カルティエ キャラ》 Carat (2018)

PAR FUM O GRA PHI E

香水索引

《日本語表記》　頁数
　オリジナル表記〔原語の意味〕/ ブランド名の順
　（原語の意味は日本での正式名称ということではない）

訳者略歴

関口涼子［せきぐち・りょうこ］
翻訳者、著述家。東京生まれ、パリ在住。文学、美術、漫画を中心に訳書多数。仏訳、和訳の二方向への翻訳、日仏二カ国語での執筆活動を行なう。フランス、ピキエ社から刊行される食に関する日本文学叢書『Le banquet（饗宴）』編集主幹。主な訳書に『悲しみを聞く石』アティーク・ラヒーミー（白水社）、『エコラリアス』ダニエル・ヘラー＝ローゼン（みすず書房）など。主な著書に『ベイルート961時間（とそれに伴う321皿の料理）』（講談社）、『Nagori』（P.O.L.社）などがある。

マチルド・ローランの調香術

香水を感じるための13章

2023年11月25日　印刷
2023年12月15日　発行

著　者　マチルド・ローラン
訳　者©関口涼子
発行者　岩堀雅己
発行所　株式会社白水社
電話　03-3291-7811（営業部）7821（編集部）
住所　〒101-0052 東京都千代田区神田小川町3-24
www.hakusuisha.co.jp
振替　00190-5-33228
編集　和久田賴男（白水社）
装丁　名久井直子
印刷　株式会社三陽社
製本　誠製本株式会社
乱丁・落丁本は送料小社負担にてお取り替えいたします。

ISBN978-4-560-09381-8
Printed in Japan

イヴァナ・チャバックの演技術

俳優力で勝つための12段階式メソッド

イヴァナ・チャバック 著　白石哲也 訳

ブラッド・ピットやハル・ベリーをはじめ、ハリウッドセレブたちが大絶讃！　LAのカリスマ演劇コーチによる主著、待望の日本語版。

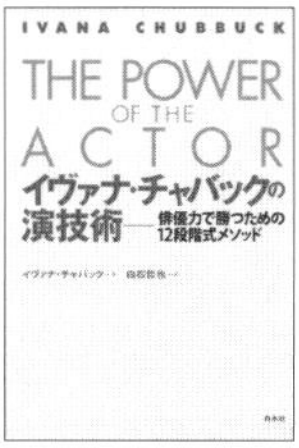

ケイティ・ミッチェルの演出術

舞台俳優と仕事するための14段階式クラフト

ケイティ・ミッチェル 著　亘理裕子 訳

俳優たちと仕事するときの、黄金ルール！　英国を代表する女性演出家が、準備から本番までの全段階ごと、リーダーの実践ツールを伝授。